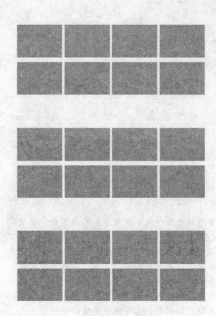

钢筋混凝土剪力墙结构

毕业设计指导

大学生毕业设计指导

JIANLIQIANG JIEGOU BIYE SHEJI ZHIDAO

GANGJIN HUNNINGTU

裴星洙
肖永　编
赵汝枭　著

知识产权出版社

图书在版编目（CIP）数据

钢筋混凝土剪力墙结构毕业设计指导 / 裴星洙，肖
永，赵汝枭编著 . —北京：知识产权出版社，2016.5
（大学生毕业设计指导）
ISBN 978 - 7 - 5130 - 3965 - 9

Ⅰ. ①钢… Ⅱ. ①裴… ②肖… ③赵…Ⅲ.①钢筋混
凝土—剪力墙结构—毕业实践—高等学校—教学参考资料
Ⅳ.①TU398

中国版本图书馆 CIP 数据核字（2015）第 309284 号

内容提要

本书为高等院校土木工程专业的教学参考书，内容主要包括剪力墙结构设计的一般规定和构造要求、建筑与结构设计说明、结构选型和布置、剪力墙的类型判别和刚度计算、竖向荷载计算、受力分析与内力计算、基本配筋方法、施工图绘制、PKPM 计算结果等，是根据最新颁布的国家标准和规范编写而成。

本书着重阐明剪力墙结构力学分析的基本概念和设计方法，并给出了一套完整的设计实例，有利于理解和掌握设计规范，便于自学和参考。内容安排符合土木工程专业毕业设计的教学要求，具有一定的系统性和较好的完整性，有利于提高教学质量和学生的工程实践能力。剪力墙结构的设计实例是根据我国最新颁布的设计规范，紧密结合工程实践而编写的，理论联系实际，便于应用和解决工程实际问题。文字通俗易懂，论述由浅入深，循序渐进，从而为学生自学提供方便。

本书可作为高等院校土木工程专业的教学辅导教材，亦可供各高校进行同类毕业设计、施工参考。

责任编辑：张　冰　　　　　　　责任校对：谷　洋
封面设计：京点设计　　　　　　责任出版：刘译文

大学生毕业设计指导

钢筋混凝土剪力墙结构毕业设计指导

裴星洙　肖　永　赵汝枭　编著

出版发行：知识产权出版社 有限责任公司	网　　址：http：//www.ipph.cn	
社　　址：北京市海淀区马甸南村 1 号	邮　　编：100088	
责编电话：010 - 82000860 转 8024	责编邮箱：zhangbing@cnipr.com	
发行电话：010 - 82000860 转 8101/8102	发行传真：010 - 82005070/82000893	
印　　刷：北京富生印刷厂	经　　销：各大网上书店、新华书店及相关销售网点	
开　　本：787mm×1092mm　1/16	印　　张：11.5	
版　　次：2016 年 5 月第 1 版	印　　次：2016 年 5 月第 1 次印刷	
字　　数：273 千字	定　　价：35.00 元	

ISBN 978-7-5130-3965-9

前 言

毕业设计是工科院校实现本科培养目标的重要教学环节，是培养学生理解、深化、拓宽、应用所学知识来分析、解决问题的重要教学过程；是学生知识、能力、素质提高的关键性步骤，是衡量学校教学质量的重要内容。土木工程是一个实践性很强的专业，而毕业设计对土木工程专业结构工程方向的学生来说是一次难能可贵的实践机会，它是将所学理论知识和实践相结合的一次重要演练，对培养学生的综合素质、工程实践能力和创新能力起着至关重要的作用。

多年来的教学实践证明，虽然面临毕业的大四学生已对理论课程、专业基础课程和专业课程进行了系统学习，但是多数学生毕业设计的质量却达不到要求，究其原因主要是做毕业设计的时间和地点得不到保障。当下就业形势愈发严峻，大部分学生为了找到一份令自己满意的工作而花费了大量的时间。而毕业设计往往安排在第八学期，正好是学生"找工作"的高峰期，使得学生做毕业设计的时间无法得到保障。另外，一部分学生不得不到用人单位去"实习"，增加实践经验以提高自身的竞争力，于是做毕业设计的地点也不完全是在学校，从而导致毕业设计的质量难以得到保障，甚至严重缩水。在做毕业设计时，许多学生普遍感到"无从下手"，特别是在遇到棘手的问题时不可能每次都能及时得到老师的指导，于是学生们迫切需要一本可"无师自通"的毕业设计指导书。为此，我们编写了这本书，本书针对剪力墙结构体系的设计举例进行详细讲解，以便学生能够弄懂该种结构体系的设计方法，并按照书中相应的设计方法独立完成毕业设计。本书可供从事结构工程专业教学工作的教师和做毕业设计的学生使用，也可供设计与此结构有关的设计人员参考。

本书是在多年指导结构工程课程设计和毕业设计的经验基础上，经过多方面总结加工而成。本书具有以下特点：

（1）本书阐明了剪力墙结构设计的一般规定和设计要点，给出了比较完整的设计实例，有利于理解和掌握设计规范，便于学生自学和参考。

（2）本书根据我国最新颁布的一系列设计规范、标准编写。

（3）本书文字力求通俗易懂，论述由浅入深，循序渐进，符合认识规律，为学生自学创造条件。

本书文稿是根据上海建工二建集团有限公司肖永的 2011 年本科毕业设计编制而成，计算书由江苏科技大学土木工程与建筑学院结构工程专业研究生赵汝枭按照新规范、新规程重新核查，由江苏科技大学土木工程与建筑学院裴星洙修改后定稿。

本书在编写过程中参考了大量的文献，并引用了一些学者的资料，已经在书后参考文献中详细列出，在此表示衷心的感谢。

希望本书能为读者的学习和工作提供帮助。鉴于作者水平有限，书中难免有错误及不足之处，敬请读者谅解和批评指正。

裴星洙

2016 年 1 月于江苏科技大学

目　　录

第1章 钢筋混凝土剪力墙结构设计范例

1.1 设计任务书

1.1.1 工程概况

某高层住宅楼，采用剪力墙结构，共 12 层，层高 2.8m，电梯机房高 4.0m，室内外高差 1.05m，阳台栏板顶高 1.1m，结构平面布置图如图 1.1 所示。

1.1.2 设计资料

(1) 基本风压 $w_0=0.65\text{kN/m}^2$，基本雪压 $s_0=0.45\text{kN/m}^2$。

(2) 设防烈度为 7 度，设计分组为第一组，建筑场地类别为 Ⅱ 类。

(3) 地面粗糙程度为 C 类。

(4) 剪力墙厚度为 200mm，轻质隔墙为 150mm 厚陶粒空心砌块。

(5) 混凝土等级均为 C25。

(6) 剪力墙墙内纵向钢筋采用 HRB400 级钢筋，箍筋采用 HRB335 级钢筋。板内梁内纵向及水平钢筋采用 HRB335 级钢筋，箍筋采用 HPB300 级钢筋。

(7) 标准层楼面的做法：20 厚水泥砂浆面层，120 厚现浇钢筋混凝土板，15 厚混合砂浆顶棚抹灰。屋面的做法：30 厚细石混凝土，三毡四油防水层，20 厚水泥砂浆找平层，120 厚钢筋混凝土板，15 厚石灰砂浆底粉。

1.1.3 相关设计依据

(1) 本工程为一般民用建筑，故建筑抗震设防类别为丙类建筑，安全等级为二级。抗震设计时，高层建筑钢筋混凝土结构构件应根据抗震设防分类、烈度、结构类型和房屋高度采用不同的抗震等级，该建筑为 12 层钢筋混凝土剪力墙结构，设防烈度为 7 度，房屋高度最高 80m，故抗震等级取为三级。其内部功能主要满足住户日常生活相应的配套设施，建筑外形简洁明快，满足功能和抗震要求。该建筑设计使用年限为 50 年。

(2) 设计规范及规程。

《建筑结构可靠度设计统一标准》（GB 50068—2001）。

《建筑结构荷载规范》（GB 50009—2012）。

《混凝土结构设计规范》（GB 50010—2010）。

《建筑地基基础设计规范》（GB 50007—2002）。

《建筑抗震设计规范》（GB 50011—2010）。

《住宅设计规范》（GB 50096—2011）。

《高层建筑混凝土结构技术规范》（JGJ 3—2010）。

《高层建筑箱形与筏形基础技术规范》（JGJ 6—99）。

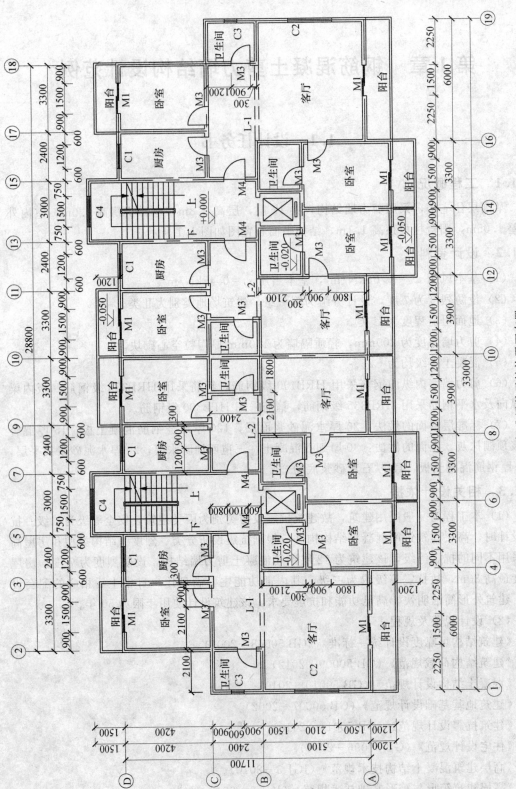

图 1.1　标准层单元结构平面布置

1.1.4　设计要求

手算荷载与内力，并为各板、梁及剪力墙配筋，其中剪力墙只做水平方向抗震计算，不考虑扭转效应，不做基础设计。

1.1.5　设计内容

（1）确定建筑方案。绘制相关建筑施工图，图纸内容包括建筑施工说明、底层平面图、标准层平面图、屋顶平面图、剖面图、立面图、楼梯平面图、楼梯剖面图等。

（2）结构设计。根据建筑图的要求进行结构选型和结构布置，结构为 12 层钢筋混凝土剪力墙结构。主要对抗震、竖向内力组合以及剪力墙、楼梯等进行计算。

（3）绘制相关结构施工图。

（4）首先估算结构构件尺寸，计算地震作用和风荷载对结构的作用，再把地震作用和风荷载分配到结构的剪力墙各墙肢上，通过计算来确定截面是否满足要求。满足要求后进行配筋计算。最后利用 PKPM 进行电算，比较手算结果和电算结果并进行误差分析。

1.2　建筑设计说明

1.2.1　住宅楼平面设计

1.2.1.1　住宅设计的基本规定

（1）住宅设计应符合城镇规划及居住区规划的要求，并应经济、合理、有效地利用土地和空间。

（2）住宅设计应使建筑与周围环境相协调，并应合理组织方便、舒适的生活空间。

（3）住宅设计应以人为本，除应满足一般居住使用要求外，尚应根据需要满足老年人、残疾人等特殊群体的使用要求。

（4）住宅设计应满足居住者所需的日照、天然采光、通风和隔声的要求。

（5）住宅设计必须满足节能要求，住宅建筑应能合理利用能源。宜结合各地能源条件，采用常规能源与可再生能源相结合的供能方式。

（6）住宅设计应推行标准化、模数化及多样化，并应积极采用新技术、新材料、新产品，积极推广工业化设计、建造技术和模数应用技术。

（7）住宅的结构设计应满足安全、适用和耐久的要求。

（8）住宅设计应符合相关防火规范的规定，并应满足安全疏散的要求。

（9）住宅设计应满足设备系统功能有效、运行安全、维修方便等基本要求，并应为相关设备预留合理的安装位置。

（10）住宅设计应在满足近期使用要求的同时，兼顾今后改造的可能。

1.2.1.2　技术经济指标计算

（1）住宅设计应计算下列技术经济指标：

1）各功能空间使用面积（m²）。

2）套内使用面积（m²/套）。

3）套型阳台面积（m²/套）。

4）套型总建筑面积（m^2/套）。

5）住宅楼总建筑面积（m^2）。

（2）计算住宅的技术经济指标，应符合下列规定：

1）各功能空间使用面积应等于各功能空间墙体内表面所围合的水平投影面积。

2）套内使用面积应等于套内各功能空间使用面积之和。

3）套型阳台面积应等于套内各阳台的面积之和，阳台的面积均应按其结构底板投影净面积的一半计算。

4）套型总建筑面积应等于套内使用面积、相应的建筑面积和套型阳台面积之和。

5）住宅楼总建筑面积应等于全楼各套型总建筑面积之和。

（3）套内使用面积计算，应符合下列规定：

1）套内使用面积应包括卧室、起居室（厅）、餐厅、厨房、卫生间、过厅、过道、贮藏室、壁柜等使用面积的总和。

2）跃层住宅中的套内楼梯应按自然层数的使用面积总和计入套内使用面积。

3）烟囱、通风道、管井等均不应计入套内使用面积。

4）套内使用面积应按结构墙体表面尺寸计算；有复合保温层时，应按复合保温层表面尺寸计算。

5）利用坡屋顶内的空间时，屋面板下表面与楼板地面的净高低于1.2m的空间不应计算使用面积，净高在1.2～2.1m的空间应按1/2计算使用面积，净高超过2.1m的空间应全部计入套内使用面积；坡屋顶无结构顶层楼板，不能利用坡屋顶空间时不应计算其使用面积。

6）坡屋顶内的使用面积应列入套内使用面积中。

（4）总建筑面积计算，应符合下列规定：

1）应按全楼各层外墙结构外表面及柱外沿所围合的水平投影面积之和求出住宅楼建筑面积，当外墙设外保温层时，应按保温层外表面计算。

2）应以全楼总套内使用面积除以住宅楼建筑面积得出计算比值。

3）套型总建筑面积应等于套内使用面积除以计算比值所得面积，加上套型阳台面积。

（5）住宅楼的层数计算应符合下列规定：

1）当住宅楼的所有楼层的层高不大于3m时，层数应按自然层数计。

2）当住宅和其他功能空间处于同一建筑物内时，应将住宅部分的层数与其他功能空间的层数叠加计算建筑层数。当建筑中有一层或若干层的层高大于3m时，应对大于3m的所有楼层按其高度总和除以3m进行层数折算，余数小于1.5m时，多出部分不应计入建筑层数，余数大于或等于1.5m时，多出部分应按1层计算。

3）层高小于2.2m的架空层和设备层不应计入自然层数。

4）高出室外设计地面小于2.2m的半地下室不应计入地上自然层数。

1.2.1.3 套内空间

1. 套型

住宅应按套型设计，每套住宅应设卧室、起居室（厅）、厨房和卫生间等基本功能空间。套型的使用面积应符合下列规定：

（1）由卧室、起居室（厅）、厨房和卫生间等组成的套型，其使用面积不应小于 30m²。

（2）由兼起居的卧室、厨房和卫生间等组成的最小套型，其使用面积不应小于 22m²。

2. 卧室

卧室的数量视家庭成员的构成设定，一般至少有两个。

《住宅设计规范》（GB 50096—2011）第 5.2.1 条规定，卧室的使用面积应符合下列规定：

（1）双人卧室不应小于 9m²。

（2）单人卧室不应小于 5m²。

（3）兼起居的卧室不应小于 12m²。

大卧室的理想面积为 13～18m²；单人卧室理想面积为 8～10m²。卧室平面尺寸：大卧室开间取 3.3～3.9m，进深取 3.9～4.5m；单人卧室开间 2.4～3.0m，进深取 3.3m～3.9m。本例设置两个大卧室，平面尺寸为 3.3m×4.2m，符合要求。

3. 起居室

《住宅设计规范》（GB 50096—2011）第 5.2.2 条规定，起居室（厅）的使用面积不应小于 10m²。本例起居室采用 3.9m×5.1m 和 5.1m×6.0m 两种方案。

套型设计时应减少直接开向起居厅的门的数量。起居室（厅）内布置家具的墙面直线长度宜大于 3m。无直接采光的餐厅、过厅等，其使用面积不宜大于 10m²。

1.2.1.4　辅助部分平面设计

1. 厨房

厨房宜布置在套内近入口处，应设置洗涤池、案台、炉灶及排油烟机、热水器等设施或为其预留位置。厨房应按炊事操作流程布置，排油烟机的位置应与炉灶位置对应，并应与排气道直接连通。单排布置设备的厨房净宽不应小于 1.5m；双排布置设备的厨房其两排设备之间的净距不应小于 0.9m。

《住宅设计规范》（GB 50096—2011）第 5.3.1 条规定，厨房的使用面积应符合下列规定：

（1）由卧室、起居室（厅）、厨房和卫生间等组成的住宅套型的厨房使用面积，不应小于 4.0m²。

（2）由兼起居的卧室、厨房和卫生间等组成的住宅最小套型的厨房使用面积，不应小于 3.5m²。

2. 卫生间

每套住宅应设卫生间，至少应配置便器、洗浴器、洗面器三件卫生设备或为其预留设置位置及条件。三件卫生设备集中配置的卫生间的使用面积不应小于 2.5m²。

卫生间可根据使用功能要求组合不同的设备。不同组合的空间使用面积应符合下列规定：

（1）设便器、洗面器时不应小于 1.8m²。

（2）设便器、洗浴器时不应小于 2.0m²。

（3）设洗面器、洗浴器时不应小于 2.0m²。

（4）设洗面器、洗衣机时不应小于 $1.8m^2$。

（5）单设便器时不应小于 $1.1m^2$。

无前室的卫生间的门不应直接开向起居室（厅）或厨房。卫生间不应直接布置在下层住户的卧室、起居室（厅）、厨房和餐厅的上层。当卫生间布置在本套内的卧室、起居室（厅）、厨房和餐厅上层时，均应有防水和便于检修的措施。

卫生间的开间尺寸通常采用 1.4m 以上，若考虑洗衣机位置，亦应适当放宽。

3. 阳台

每套住宅宜设阳台或平台。

阳台栏杆设计必须采用防止儿童攀登的构造，栏杆的垂直杆件间净距不应大于 0.11m，放置花盆处必须采取防坠落措施。

阳台栏板或栏杆净高，六层及六层以下的不应低于 1.05m，七层及七层以上的不应低于 1.1m。

封闭阳台栏板或栏杆也应满足阳台栏板或栏杆净高的要求。七层及七层以上住宅和寒冷、严寒地区住宅的阳台宜采用实体栏板。

顶层阳台应设雨罩，各套住宅之间毗连的阳台应设分户隔板。

阳台、雨罩均应采取有组织排水措施，雨罩及开敞阳台应采取防水措施。

当阳台设有洗衣设备时应符合下列规定：

（1）应设置专用给、排水管线及专用地漏，阳台楼、地面均应做防水。

（2）严寒和寒冷地区应封闭阳台，并应采取保温措施。

当阳台或建筑外墙设置空调室外机时，其安装位置应符合下列规定：

（1）应能通畅地向室外排放空气和自室外吸入空气。

（2）在排出空气一侧不应有遮挡物。

（3）应为室外机安装和维护提供方便操作的条件。

（4）安装位置不应对室外人员形成热污染。

1.2.1.5　交通部分平面设计

1. 过道、贮藏空间和套内楼梯

套内入口过道净宽不宜小于 1.20m；通往卧室、起居室（厅）的过道净宽不应小于 1.00m；通往厨房、卫生间、贮藏室的过道净宽不应小于 0.90m。

套内设于底层或靠外墙、靠卫生间的壁柜内部应采取防潮措施。

套内楼梯当一边临空时，梯段净宽不应小于 0.75m；当两侧有墙时，墙面之间净宽不应小于 0.90m，并应在其中一侧墙面设置扶手。

套内楼梯的踏步宽度不应小于 0.22m，高度不应大于 0.20m；扇形踏步转角距扶手中心 0.25m 处，宽度不应小于 0.22m。

2. 门窗

窗外没有阳台或平台的外窗，窗台距楼面、地面的净高低于 0.90m 时，应设防护设施。

当设置凸窗时应符合下列规定：

（1）窗台高度低于或等于 0.45m 时，防护高度从窗台面起算不应低于 0.90m。

（2）可开启窗扇窗洞口底距窗台面的净高低于 0.90m 时，窗洞口处应有防护措施。

其防护高度从窗台面起算不应低于 0.90m。

（3）严寒和寒冷地区不宜设置凸窗。

底层外窗和阳台门、下沿低于 2.0m 且紧邻走廊或共用上人屋面上的窗和门，应采取防卫措施。

面临走廊、共用上人屋面或凹口的窗，应避免视线干扰，向走廊开启的窗扇不应妨碍交通。

户门应采用具备防盗、隔声功能的防护门。向外开启的户门不应妨碍公共交通及相邻户门开启。

厨房和卫生间的门应在下部设置有效截面积不小于 0.02m² 的固定百叶，也可距地面留出不小于 30mm 的缝隙。

各部位门洞的最小尺寸应符合表 1.1 的规定。

表 1.1　　　　　　　　　　门 洞 最 小 尺 寸　　　　　　　　　　单位：m

类　　别	洞口宽度	洞口高度
共用外门	1.20	2.00
户（套）门	1.00	2.00
起居室（厅）门	0.90	2.00
卧室门	0.90	2.00
厨房门	0.80	2.00
卫生间门	0.70	2.00
阳台门（单扇）	0.70	2.00

注　1. 表中门洞口高度不包括门上亮子高度，宽度以平开门为准。
　　2. 洞口两侧地面有高低差时，以高地面为起算高度。

3. 楼梯

住宅中常用的楼梯形式有直跑梯、双跑梯、剪刀式楼梯等。一般住宅楼梯间面积较小，常采用行程短的双跑楼梯。

《住宅设计规范》（GB 50096—2011）规定：楼梯梯段净宽不应小于 1.10m，不超过六层的住宅，一边设有栏杆的梯段净宽不应小于 1.00m。

楼梯踏步宽度不应小于 0.26m，踏步高度不应大于 0.175m。扶手高度不应小于 0.90m。楼梯水平段栏杆长度大于 0.50m 时，其扶手高度不应小于 1.05m。楼梯栏杆垂直杆件间净距不应大于 0.11m。

楼梯平台净宽不应小于楼梯梯段净宽，且不得小于 1.20m。楼梯平台的结构下缘至人行通道的垂直高度不应低于 2m。入口处地坪与室外地面应有高差，并不应小于 0.10m。

楼梯为剪刀梯时，楼梯平台的净宽不得小于 1.30m。

楼梯井净宽大于 0.11m 时，必须采取防止儿童攀滑的措施。

4. 电梯

属下列情况之一时，必须设置电梯：

（1）七层及七层以上住宅或住户入口层楼面距室外设计地面的高度超过 16m 时。

（2）底层作为商店或其他用房的六层及六层以下住宅，其住户入口层楼面距该建筑物的室外设计地面高度超过 16m 时。

（3）底层做架空层或贮存空间的六层及六层以下住宅，其住户入口层楼面距该建筑物的室外设计地面高度超过 16m 时。

（4）顶层为两层一套的跃层住宅时，跃层部分不计层数，其顶层住户入口层楼面距该建筑物室外设计地面的高度超过 16m 时。

十二层及十二层以上的住宅，每栋楼设置电梯不应少于两台，其中应设置一台可容纳担架的电梯。

十二层及十二层以上的住宅，每单元只设置一部电梯时，从第十二层起应设置与相邻住宅单元联通的联系廊。联系廊可隔层设置，上、下联系廊之间的间隔不应超过五层。联系廊的净宽不应小于 1.10m，局部净高不应低于 2.00m。

十二层及十二层以上的住宅由二个及二个以上的住宅单元组成，且其中有一个或一个以上住宅单元未设置可容纳担架的电梯时，应从第十二层起设置与可容纳担架的电梯联通的联系廊。联系廊可隔层设置，上、下联系廊之间的间隔不应超过五层。联系廊的净宽不应小于 1.10m，局部净高不应低于 2.00m。

七层及七层以上住宅电梯应在设有户门和公共走廊的每层设站。住宅电梯宜成组集中布置。候梯厅深度不应小于多台电梯中最大轿箱的深度，且不应小于 1.50m。

电梯不应紧邻卧室布置。当受条件限制，电梯不得不紧邻兼起居的卧室布置时，应采取隔声、减震的构造措施。

1.2.2　住宅楼剖面设计

剖面设计主要分析建筑物各部分应有的高度、建筑层数、建筑空间的组合和利用，以及建筑剖面中的结构、构造关系。

1.2.2.1　房屋各部分高度的确定

1. 建筑剖面设计的内容和影响因素

（1）建筑剖面设计的主要内容：确定房间竖向形状、房屋层数及各部分标高等。

（2）建筑剖面设计的影响因素：使用要求对剖面的影响；结构、材料和施工的影响；采光、通风要求对剖面的影响。

（3）层高：指该楼面到上一层楼面之间的垂直距离。

（4）净高：指楼面或地面到楼板或板下凸出物的垂直距离。

2. 房间的高度和剖面形状的确定

确定建筑的层高一般从以下几个方面考虑：

（1）室内使用性质和活动特点的要求。一般根据人体活动尺度和家具布置情况考虑层高。房间净高应不低于 2.20m；卧室净高常取 2.8～3.0m，但不应小于 2.4m；教室净高一般常取 3.30～3.60m；商店营业厅底层层高常取 4.2～6.0m，二层层高常取 3.6～5.1m。

（2）采光、通风的要求。

（3）结构类型的要求。优先考虑采用矩形剖面。

（4）设备设置的要求。高层住宅要考虑电梯、水箱等设备。

（5）室内空间比例要求。

1.2.2.2　室内外高差

室内外高差主要由以下因素确定：

（1）内外联系方便，室外踏步的级数常以不超过四级（600mm）为宜。为便于运输，仓库常设置坡道，其室内外地面高差以不超过 300mm 为宜。

（2）防水、防潮要求：底层室内地面应高于室外地面 300mm 或 300mm 以上。

（3）地形及环境条件：山地和坡地建筑物，应结合地形的起伏变化和室外道路布置等因素，综合确定底层地面标高。

（4）建筑物性格特征：一般民用建筑室内外高差不宜过大；纪念性建筑常借助于室内外高差值的增大，以增强严肃、庄重、雄伟的气氛。

对于高层住宅楼在考虑设备层和地下室的特殊情况等因素后，室内外高差通常取 900～1500mm。

1.2.3　住宅楼立面设计

高层住宅楼立面构成主要有：墙体、梁、柱等结构构件，门窗、阳台、外廊等建筑构件，以及台阶、雨篷、勒脚、檐口等保护性构件。

从建筑美学角度，高层住宅立面应具有以下特点：

（1）体型修长。

（2）从立面竖向看，上下楼层简单的重复窗和阳台等，缺乏变化；而立面横向，不同的房间、窗户、阳台等，差别较大。

（3）高层住宅的经济性决定了高层住宅不可能有太大的造型变化空间，所有的设计均应以建筑功能和原有构造为基础。

作为高层住宅楼设计的依据，从形式美学角度，高层住宅立面应比例协调、节奏感强、虚实对比；质感多以平滑为主，色彩选择多以浅淡色调为主。

在立面设计中，主要强调建筑的简洁、典雅和亲和的特点，不追求复杂的装饰，而是利用楼自身外墙材质塑造出色彩明快、富有动感的建筑形象。主要出入口位于每个单元正中，在入口台阶与雨篷支柱间有车辆停靠的空间，方便住宅用户下车后可快捷地进入楼内，也使立面效果更加有层次。

1.3　结构设计说明

1.3.1　结构的选型

1.3.1.1　高层建筑结构设计的基本原则

高层建筑结构设计的基本原则是：注重概念设计，重视结构选型与平、立面布置的规则性，择优选用抗震和抗风性能好且经济的结构体系，加强构造措施。在抗震设计中，应保证结构的整体性能，使整个结构具有必要的承载力、刚度和延性。结构应满足下列基本要求：

（1）应具有必要的承载力、刚度和变形能力。

（2）应避免因局部破坏而导致整个结构破坏。

（3）对可能的薄弱部位要采取加强措施。

（4）结构选型与布置合理，避免局部突变和扭转效应而形成薄弱部位。

（5）宜具有多道抗震防线。

1.3.1.2　结构的概念设计

概念设计是指根据理论与试验结果和工程经验等形成的基本设计原则和设计思想，进行建筑和结构的总体布置并确定细部构造的过程。

国内外历次大地震及风灾的经验教训使人们越来越认识到建筑概念设计阶段中结构概念设计的重要性，尤其是结构抗震概念设计对结构的抗震性能将起决定性作用。国内外许多规范和规程都以众多条款规定了结构抗震概念设计的主要内容。

《高层建筑混凝土结构技术规程》（JGJ 3—2010）在"总则"中强调了概念设计的重要性，旨在要求建筑师和结构工程师在高层建筑设计中应特别重视规程中有关结构概念设计的各条规定，设计中不能陷入只考虑计算设计的误区。结构的规则性和整体性是概念设计的核心。若结构严重不规则、整体性差，仅按目前的结构设计计算水平，难以保证结构的抗震、抗风性能，尤其是抗震性能。

现有抗震设计方法的前提之一是假定整个结构能发挥耗散地震能量的作用，在此前提下，才能以多遇地震作用进行结构计算、构件设计并加以构造措施，或采用动力时程分析进行验算，达到罕遇地震作用下结构不倒塌的目标。结构抗震概念设计的目标是使整个结构能发挥耗散地震能量的作用，避免结构出现敏感的薄弱部位，使地震能量的耗散仅集中在极少数薄弱部位，导致结构过早破坏。

结构概念设计是结构设计理念，是设计思想和设计原则。为了保证结构具有足够的抗震可靠性，在进行结构的抗震设计时，必须综合考虑多种因素的影响，着重从建筑物的总体上进行抗震设计。概念设计主要考虑以下因素：场地条件和场地土的稳定性；建筑物平、立面布置及其外形尺寸；抗震结构体系的选取、抗侧力构件的布置以及结构质量的分布；非结构构件与主体结构的关系及两者之间的锚拉；材料与施工质量等。结构概念设计要求结构设计中尽可能地使结构"简单、规则、均匀、对称"，最终使结构达到"小震不坏、中震可修、大震不倒"的抗震设防目标。

1.3.1.3　结构选型的主要内容

结构选型包括以下主要内容：

（1）选择合适的竖向承重结构。

（2）选择合适的水平承重结构。

（3）选择合适的基础结构。

高层建筑的竖向承重结构有框架、剪力墙、框架-剪力墙、筒体等多种形式，水平承重构件有单向板肋形楼盖、双向板肋形楼盖、井式楼盖、密肋楼盖、无梁楼盖等多种形式，基础结构有独立基础、条形基础、筏形基础、箱形基础、桩基础等多种形式。为了选择合适的结构形式，要求较好地了解各种结构的受力特点及适用范围。

1.3.1.4　结构选型的注意事项

根据房屋高度、高宽比、抗震设防类别、抗震设防烈度、场地类别、结构材料和施工技术等因素考虑其适宜的结构体系。结构体系应符合以下要求：

（1）满足使用要求。

（2）尽可能地与建筑形式相一致。

（3）平面和立面形式规则，受力好，有足够的承载力、刚度和延性。

（4）施工合理。

（5）经济合理。

1.3.1.5　高层建筑对楼板的构造要求

高层建筑结构计算中，常假定楼板在自身平面内刚度无限大，在水平荷载下，楼盖只产生位移而无变形。因此，在构造设计上，要求楼盖具有较大的平面内刚度。此外，楼盖的刚性对建筑物的整体性和水平荷载的有效传递起着重要的作用。为此，构造上对楼盖有如下要求：

（1）房屋高度超过 50m 时，应采用现浇楼盖。

（2）顶层楼盖应加厚并采用现浇，以抵抗温度变化的影响，并在建筑物的顶部加强约束，提高抗风和抗震能力。

（3）转换层楼面的上面是剪力墙或较密的框架柱，下面为间距较大的框架柱或落地剪力墙，楼板或楼板与其他转换结构一道，要将上部结构的荷载转换到下部结构，受力很大，因此要用现浇楼板并采取加强措施。

（4）楼板的厚度必须满足正截面承载力、变形、裂缝、抗冲切、防火、防腐等各项要求。

1.3.1.6　高层建筑基础的形式、特点及适用范围

高层建筑的基础是高层建筑的重要组成部分。它将上部结构传来的巨大荷载传递到地基。高层建筑基础形式的选择，不但关系到结构的安全，而且对房屋的造价、施工工期等有着重大影响。因此，在确定基础形式时，应对上部结构和地质勘探资料进行认真研究，选用多个基础方案进行比较后再做出决定。

高层建筑基础形式及其适用范围如下。

1. 柱下独立基础

柱下独立基础的适用范围：层数不多、土质较好的框架结构。

当地基为岩石时，可采用地锚将基础锚固在岩石上。

2. 箱形基础

箱形基础是由数量较多的纵向与横向墙体和有足够厚度的底板、顶板组成的刚度很大的箱形空间结构（见图 1.2）。箱形基础整体刚度好，不仅能将上部结构的荷载较均匀地传递给地基或桩基，而且能利用自身的刚度调整沉降差异，减少由于沉降差产生的结构内力。同时，箱形基础对上部结构的嵌固更接近于固

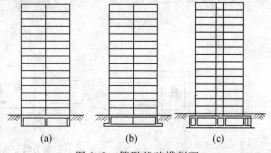

图 1.2　箱形基础横剖面

定端条件，使计算结果与实际受力情况比较一致；箱形基础有利于抗震，在地震区采用箱形基础的高层建筑震害较轻。

但是，由于形成箱形基础必须有间距较密的纵横墙，而且墙上开洞面积受到限制，因此，当地下室需要较大空间和建筑功能上要求较灵活地布置时（如地下室作为地下商场、地下停车场、地铁车站等）就难以采用箱形基础。

　　高层建筑的基础，有可能做成箱形基础时，尽可能选用箱形基础，因为其稳定性和刚度都较好。

　　箱形基础的适用范围：层数较多、土质较弱的高层建筑。

　　3. 筏形基础

　　筏形基础具有良好的整体刚度。它本身是地下室的底板，厚度较大，具有良好的抗渗性能。由于筏板刚度大，可以调节基础不均匀沉降。

　　筏形基础如同倒置的楼盖，可采用平板式和梁板式两种方式（见图1.3和图1.4）。梁板式筏形基础的梁可设在板上或板下（土体中）。当采用板上梁时，梁应留出排水孔，并设置架空地板。

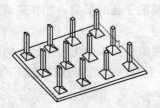　　　　　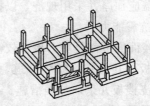

图1.3　平板式筏形基础　　　　图1.4　梁板式筏形基础

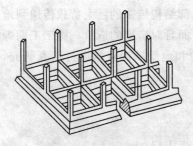

　　筏形基础一般伸出外墙1m左右，使筏形基础面积稍大于上部结构面积。

　　筏型基础的适用范围：地基承载力较低、上部竖向荷载较大的工程；层数不多而土质较弱或层数较多而土质较好的结构。

　　4. 交叉梁基础

　　交叉梁基础双向为条形基础，如图1.5和图1.6所示。

图1.5　交叉梁基础

　　交叉梁基础的适用范围：层数不多而土质一般的框架、剪力墙、框架-剪力墙结构。

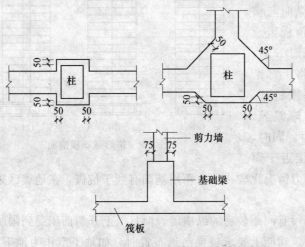　　　　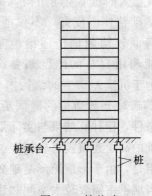

图1.6　交叉梁与上部结构的连接　　　　图1.7　桩基础

5. 桩基础

当地基浅层土质较弱，不能满足承载力和沉降要求时，采用桩基础（见图1.7）将荷载传到下部较坚实的土层，或通过桩侧面与土体的摩擦力来达到强度与变形的要求，同时也可减少土方开挖量，是一种有效的技术途径。

桩基础的适用范围：地基持力层较深时采用。

6. 复合基础

复合基础一般有桩筏基础、桩箱基础等形式，如图1.8、图1.9所示。

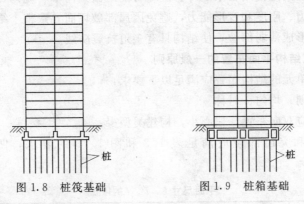

图 1.8　桩筏基础　　　　　图 1.9　桩箱基础

复合基础的适用范围：层数较多或土质较弱时采用。

1. 3. 1. 7　高层建筑基础的埋置深度

为了防止高层建筑发生倾覆和滑移，高层建筑的基础应有一定的埋置深度。与低层和多层建筑相比，高层建筑的基础埋置深度应当大一些，这是因为：

（1）一般情况下，较深的土壤承载力大而压缩性好，稳定性较好。

（2）高层建筑的水平剪力较大，要求基础周围的土壤具有一定的嵌固作用，能提供部分水平反力。

（3）在地震作用下，地震波通过地基传到建筑物上。根据实测可知，通常在较深处的地震波幅值较小，接近地面幅值较大。因此，高层建筑基础埋置深度大一些，可减小地震反应。

在确定基础埋置深度时，应考虑建筑物的高度、体型、地基土质、抗震设防烈度等因素；而且埋置深度加大，必然增加造价，增大施工难度，加长工期。当抗震设防烈度高、场地差时，宜采用较大埋置深度以抗倾覆和滑移，确保建筑物的安全。《高层建筑混凝土结构技术规程》（JGJ 3—2010）中规定，基础应有一定的埋置深度，埋置深度由室外地坪至基础底面计算，并宜符合下列要求：

（1）一般天然地基或复合地基，可取建筑物高度（室外地面至主体结构檐口或是屋顶板面的高度）的1/15，且不宜小于3m。

（2）桩基础，可取房屋高度的1/18（桩长不计在内）。

（3）当建筑物采用岩石地基或采取有效措施时，在满足地基承载力、稳定性要求及基底零应力区满足要求的前提下，基础埋深可不受（1）、（2）两款的限制。当地基可能产生滑移时，应采取有效的抗滑移措施。

1.3.2 结构布置

结构型式选定后，要进行结构布置。结构布置包括以下主要内容：

（1）结构平面布置：确定梁、柱、墙、基础等在平面上的位置。

（2）结构竖向布置：确定结构竖向形式、楼面高度、电梯机房、屋顶水箱、电梯井和楼梯间的位置和高度，是否设地下室、转换层、加强层、技术夹层以及它们的位置和高度。

结构布置除了应满足使用要求之外，应尽可能地做到简单、规则、均匀、对称，使结构具有足够的承载力、刚度和变形能力，避免因局部破坏而导致整个结构破坏，避免局部突变和扭转效应而形成薄弱部位，使结构具有多道抗震防线。

1.3.2.1 高层建筑结构平面布置的一般原则

每一独立结构单元的结构布置应满足以下要求：

（1）简单、规则、均匀、对称。

（2）承重结构应双向布置，偏心小，构建类型少。

（3）平面长度和突出部位应满足表 1.2 和图 1.10 的要求，凹角处宜采用加强措施。

表 1.2   平面尺寸 L、l'、l 的限值

设防烈度	L/B	l'/B_{max}	l/b
6 度和 7 度	$\leqslant 6.0$	$\leqslant 0.35$	$\leqslant 2.0$
8 度和 9 度	$\leqslant 5.0$	$\leqslant 0.30$	$\leqslant 1.5$

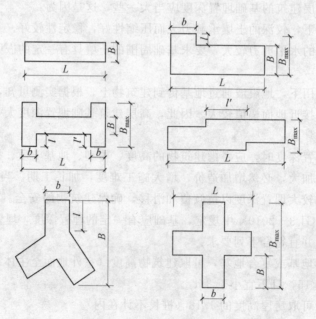

图 1.10 高层建筑结构平面布置图

平面过于狭长的建筑物在地震时由于两端地震波输入有位相差，容易产生不规则震

动，造成较大的震害。

平面有较长的外伸时，外伸段容易产生局部振动而引发凹角处破坏。角部重叠和细腰的平面容易产生应力集中，使楼板开裂、破坏，不宜采用。

（4）施工简便，造价低。

1.3.2.2　高层建筑平面形状的选择

进行高层建筑平面形状选择时，应注意以下问题：

（1）高层建筑承受较大的风力。在沿海地区，风力成为高层建筑的控制性荷载，应尽可能采用对抗风有利的平面形状。

对抗风有利的平面形状是简单规则的凸平面，如圆形、正多边形、椭圆形、鼓形等平面。对抗风不利的平面是有较多凹凸的复杂形状平面，如 V 形、Y 形、H 形、弧形等平面。

（2）平面过于狭长的建筑物在地震时容易产生较大的震害，表 1.2 给出了 L/B 的最大限值。在实际工程中，L/B 值在 6、7 度抗震设计中最好不超过 4，在 8、9 度抗震设计中最好不超过 3。

平面有较长的外伸时，外伸段容易产生凹角处破坏，外伸部分 l/b 的限值在表 1.2 中已列出，但在实际工程中最好控制 $l/b \leqslant 1$。

（3）角部重叠和细腰的平面（见图 1.11），在中间形成狭窄部位，地震中容易产生震害，尤其在凹角部位，因应力集中容易使楼板开裂、破坏。这些部位应采用加大楼板厚度、增加板内钢筋，设置集中配筋的过梁以及配置 45°斜向钢筋等方法予以加强。

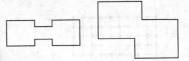

图 1.11　对抗震不利的建筑平面

（4）B 级高度钢筋混凝土结构及混合结构的最大适用高度已放松到比较高的程度，与此相应，对其结构的规则性要求必须严格；复杂高层建筑结构的竖向布置已不规则，对这些结构的平面布置的规则性应严格要求。因此，对上述结构的平面布置应做到简单、规则，减小偏心。

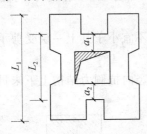

图 1.12　楼板净宽度
要求示意

（5）楼板有较大凹入或开有大面积洞口后，被凹口或洞口划分开的各部分之间的连接较为薄弱，地震时容易产生振动而使削弱部位产生震害，因此对凹入或洞口的大小应加以限制。设计中应同时满足规定的各项要求。以图 1.12 所示平面为例，L_2 不宜小于 $0.5L_1$，a_1 与 a_2 之和不宜小于 $0.5L_2$ 且不宜小于 5m，a_1 和 a_2 均不宜小于 2m，开洞面积不宜大于楼面面积的 30%。

（6）楼（电）梯间无楼板而使楼面产生较大削弱，应将楼（电）梯间周边的楼板加厚，并加强配筋。

1.3.2.3　规则平面和不规则平面

规则结构指体型规则，平面布置均匀、对称，并具有很好的抗扭刚度，竖向质量和刚度无突变的结构。

几类不规则平面的定义如表 1.3 及图 1.13～图 1.15 所示。

表 1.3　　　　　　　　　　　　　　**平 面 不 规 则 的 类 型**

不规则的类型	定　　义
扭转不规则	楼层的最大弹性水平位移（或层间位移），大于该楼层两端弹性水平位移（或层间位移）平均值的 1.2 倍
凹凸不规则	结构平面凹进的一侧尺寸，大于相应投影方向总尺寸的 30%
楼板局部不连续	楼板的尺寸和平面刚度急剧变化，例如，有效楼板宽度小于该层楼板典型宽度 50%，或开洞面积大于该层楼面积的 30%，或较大的楼层错层

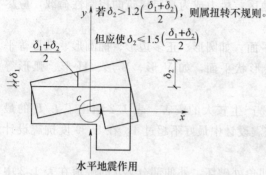

图 1.13　建筑结构平面的扭转不规则示例

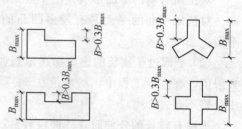

图 1.14　建筑结构平面的凹角或凸角不规则示例

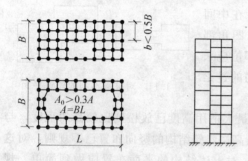

图 1.15　建筑结构平面的局部不连续
示例（大开洞及错层）

1.3.2.4　结构竖向布置应满足的要求

高层结构的竖向结构布置应满足以下要求：

（1）竖向体型宜规则、均匀，避免有过大的外挑和内收。结构的刚度宜下大上小，逐渐均匀变化，不应采用竖向布置严重不规则的结构。

（2）按抗震设计的高层建筑结构，其楼层侧向刚度不宜小于相邻上部楼层侧向刚度的 70% 或其上相邻三层侧向刚度平均值的 80%。

（3）A 级高度高层建筑的楼层层间抗侧力结构的受剪承载力不宜小于其上一层受剪承载力的 65%；B 级高度高层建筑不宜小于 75%。

（4）抗震设计时，结构的竖向抗侧力结构宜上下连续贯通。竖向抗侧力结构上下未贯通（见图 1.16）时，底部结构容易发生破坏。

（5）抗震设计时，当结构上部楼层收进部位到室外地面的高度 H_1 与房屋高度 H 之比大于 0.2 时，上部结构收进后的水平尺寸 B_1 不宜小于下部楼层水平尺寸的 75%；当上部结构楼层相对于下部楼层外挑时，下部楼层的水平尺寸 B 不宜小于上部楼层水平尺寸 B_1 的 90%，且水平外挑尺寸 a 不宜大于 4m，如图 1.17 所示。

（6）结构顶层空旷时，应进行弹性动力时程分析计算并采取有效构造措施。

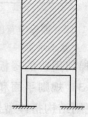

图 1.16　框支剪力墙（竖向
抗侧力结构上下未贯通）

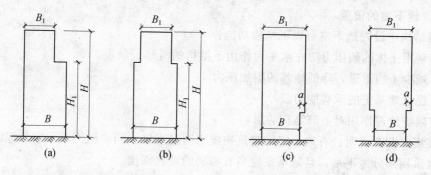

图 1.17　结构竖向收进和外挑示意

（7）高层建筑宜设地下室。

1.3.2.5　竖向不规则结构的类型和定义

几类竖向不规则结构的定义如表 1.4 及图 1.18～图 1.20 所示。

表 1.4　　　　　　　　　　竖向不规则结构的类型和定义

不规则类型	定　义
侧向刚度不规则	该层的侧向力刚度小于相邻上一层的 70%，或小于其上相邻三个楼层侧向刚度平均值的 80%；除顶层外，局部收进的水平方向尺寸大于相邻下一层的 25%
竖向抗侧力构件不连续	竖向抗侧力构件（柱、抗震墙、抗震支撑）的内力有水平转换构件（梁、桁架等）向下传递
楼层承载力突变	抗侧力结构的层间受剪承载力小于相邻上一楼层的 80%

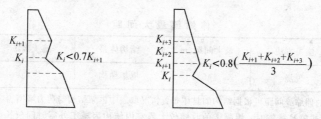

图 1.18　沿竖向的侧向刚度不规则（有柔软层）

注：$K_i = \dfrac{V_i}{\Delta u_i}\sigma'$，式中 V_i 为 i 层剪力；Δu_i 为 i 层层间位移

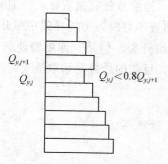

图 1.19　竖向抗侧力结构屈服抗剪强度
非均匀化（有薄弱层）

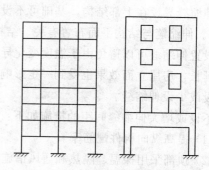

图 1.20　竖向抗侧力构件不连续示例

1.3.2.6 地下室的设置

高层结构中设置地下室有以下结构功能：

（1）利用土体的侧压力防止水平力作用下结构的滑移、倾覆。

（2）减少土的重量，降低地基的附加压力。

（3）提供地基土的承载能力。

（4）减少地震作用对上部结构的影响。

地震震害调查表明：有地下室的建筑物震害明显减轻。同一结构单元应全部设置地下室，不宜采用部分地下室，且地下室应当有相同的埋置深度。

1.3.3 变形缝

进行结构平面布置时，除了要考虑梁、柱、墙等结构构件的布置外，还要考虑是否需要设置变形缝。高层建筑中是否设置变形缝，是进行结构平面布置时要考虑的重要问题。

变形缝是指温度伸缩缝（简称伸缩缝）、沉降缝、防震缝。

1.3.3.1 伸缩缝

高层建筑结构不仅平面尺寸大，而且竖向的高度也很大，温度变化和混凝土收缩不仅会产生水平方向的变形和内力，而且也会产生竖向的变形和内力。

但是，高层钢筋混凝土结构一般不计算由于温度、收缩产生的内力。因为一方面高层建筑的温度场分布和收缩参数很难准确地决定；另一方面混凝土不是弹性材料，它既有塑性变形，还有徐变和应变松弛，实际的内力要远小于按弹性结构进行计算的值。

伸缩缝是为了防止温度变化和混凝土收缩导致房屋开裂而设置的，其最大间距如表1.5所示。

表 1.5 伸缩缝最大间距

结构体系	施工方法	最大间距/m	结构体系	施工方法	最大间距/m
剪力墙结构	现浇	45	框架结构	现浇	55

注　1. 框架-剪力墙的伸缩缝间距可根据结构的具体布置情况取表中框架结构与剪力墙结构之间的数值。

　　2. 当房屋无保温或隔热措施时，混凝土的收缩较大或室内结构因施工外露时间较长时，伸缩缝间距应适当减小。

　　3. 位于气候干燥地区、夏季炎热且暴雨频繁地区的结构，伸缩缝的间距宜适当减小。

伸缩缝只设在上部结构，基础可不设伸缩缝；伸缩缝处宜做双柱，伸缩缝最小宽度为50mm。伸缩缝与结构平面布置有关。结构平面布置不好时，可能导致房屋开裂。

设置伸缩缝可以避免由于温度变化导致的房屋开裂。但是，伸缩缝使施工带来不便，工期延长，房屋立面效果也受到一定影响。因此，目前的趋势是采取适当的措施，尽可能地不设或少设伸缩缝。

不设或增大伸缩缝间距的措施如下：

（1）提高纵向构件配筋率。

（2）顶部采用保温、隔热和通风措施。

（3）降低顶层结构刚度。

（4）掺膨胀剂。

（5）留后浇带。后浇带每 30～40m 留一道，带宽 800～1000mm，钢筋采用搭接接头，两个月后再浇灌，其构造如图 1.21 所示。

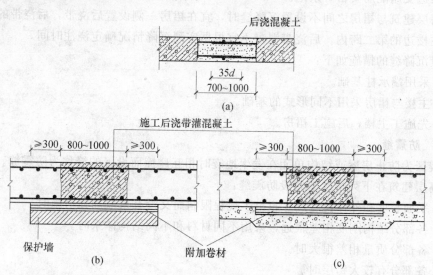

图 1.21　施工后浇带

（a）梁板；（b）外墙；（c）底板

后浇带应通过建筑物的整个横截面，分开全部墙、梁和楼板，使两边都可以自由收缩。后浇带可以选择对结构受力影响较小部位曲折通过，不要处在一个平面内，以免全部钢筋都在同一平面内搭接。一般情况下，后浇带可设在框架梁和楼板的 1/3 跨处；设在剪力墙洞口上方连梁的跨中或内外墙连接处（见图 1.22）。

由于后浇带混凝土是后浇的，钢筋搭接，其两侧结构长期处于悬臂状态，所以模板的支柱再补交混凝土前本跨不能全部拆除。当框架主梁跨度较大时，梁的钢筋可以直通而不切断，以免搭接长度过长而造成施工困难，也防止其在悬臂状态下产生不利的内力和变形。

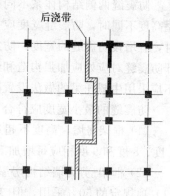

图 1.22　后浇带的位置

1.3.3.2　沉降缝

一般而言，房屋建成之后都有不同程度的沉降。如果沉降是均匀的，不会引起房屋的开裂；反之，如果沉降不均匀且超过一定的量值，房屋便有可能开裂。高层建筑层数高、体量大，对不均匀沉降较敏感。特别是当房屋的地基不均匀或房屋不同部位的高差较大时，不均匀沉降的可能性更大。

为了防止地基不均匀或房屋层数和高度相差过大引起房屋开裂而设的缝称为沉降缝。沉降缝不仅要将上部结构断开，也要将基础断开。高层建筑是否设置沉降缝，是通过沉降量计算确定的。

一般差异沉降小于 5mm，其影响较小，可忽略不计；当已知或预知差异沉降量大于

10mm 时，必须考虑其影响，并采取相应构造加强措施，如控制下层边柱设计轴压比，下层框架梁边支座配筋要留有余地。

当高层建筑与裙房之间不设置沉降缝时，宜在裙房一侧设置后浇带，后浇带的位置宜设在距主楼边的第二跨内。后浇带混凝土宜根据实测沉降情况确定浇注时间。

不设沉降缝的措施如下：

(1) 采用端承柱基础。

(2) 主楼与裙房采用不同形式的基础。

(3) 先施工主楼，后施工裙房。

1.3.3.3 防震缝

地震区为防止房屋或结构单元在发生地震时相互碰撞而设置的缝称为防震缝。按抗震设计的高层建筑在下列情况下宜设防震缝：

(1) 平面长度和外伸长度尺寸超出了规程限制而又没有采取加强措施时。

(2) 各部分结构刚度相差很远，采用不同材料和不同结构体系时。

(3) 各部分质量相差很大时。

(4) 各部分有较大错层时。

此外，各结构单元之间设了伸缩缝或沉降缝时，该伸缩缝或沉降缝可同时兼作防震缝，但其缝宽应满足防震缝宽度的要求。

防震缝应在地面以上沿全高设置，当不作为沉降缝时，基础可不设防震缝。但在防震缝处基础应加强构造措施和连接，高底层之间不要采用在主楼框架柱设牛腿而将底层房屋或楼面梁搁在牛腿上的做法，也不要用牛腿托梁的方法设防震缝，因为地震时各单元之间，尤其是高低层之间的振动情况不相同的，连接处容易压碎、拉断。

防震缝两侧结构体系不同时，防震缝宽度应按不利的结构类型确定；防震缝两侧的房屋高度不同时，防震缝宽度应按较低的房屋高度确定；当相邻结构的基础存在较大沉降差时，宜增设防震缝的宽度；防震缝宜沿全高设置；地下室、基础可不设防震缝，但在与上部防震缝对应处应加强构造和连接措施；结构单元之间或主楼与裙房之间如无可靠措施，不应采用牛腿托梁的做法设置防震缝。

防震缝的最小宽度应符合下列规定：

(1) 框架房屋，高度不超过 15m 的部分，可取 70mm；高度超过 15m 的部分，6 度、7 度、8 度和 9 度相应每增加 5m、4m、3m 和 2m，宜加宽 20mm。

(2) 框架-剪力墙结构房屋可按第 (1) 项规定的 70% 采用，剪力墙结构房屋可按第 (1) 项规定的 50% 采用，但二者均不宜小于 70mm。

在抗震设计时，建筑物各部分之间的关系应明确：如分开，彻底分开；如相连，则连接牢固。

第2章 剪力墙结构的特点

2.1 剪力墙结构的特点

2.1.1 剪力墙结构基本假定

剪力墙结构是由一系列的竖向纵、横墙和平面楼板所组成的空间结构体系，除了承受楼板的竖向荷载外，还承受风荷载、水平地震作用等水平荷载。

为简化计算，在计算水平荷载作用下剪力墙结构的内力与位移时，可以采用以下基本假定：

（1）楼板在其自身平面内的刚度可视为无限大，在平面外的刚度可忽略不计。

（2）各片剪力墙主要在其自身平面内发挥作用，在平面外的刚度很小，可忽略不计。

由假定（1）可知，楼板将各片剪力墙连在一起，在水平荷载作用下，楼板在自身平面内没有相对位移，只有刚体位移。这样参与抵抗水平荷载的各片剪力墙按楼板水平位移线性分布的条件进行水平荷载的分配。若水平荷载合力作用点与结构刚度中心重合，结构无扭转，则可按同一楼层各片剪力墙水平位移相等的条件进行水平荷载的分配，亦即水平荷载按各片剪力墙的抗侧刚度进行分配。

由假定（2）可知，每个方向的水平荷载由该方向的各片剪力墙承受，垂直于水平荷载方向的各片剪力墙不参加工作，这样可以将纵横两个方向的剪力墙分开，使空间剪力墙结构简化为平面结构。

计算剪力墙的内力和位移时可以考虑纵横墙的共同工作，纵墙的一部分可以作

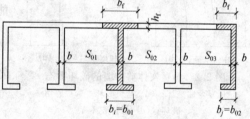

图 2.1 有效翼缘宽

为横墙的有效翼缘，横墙的一部分也可以作为纵墙的有效翼缘。如图 2.1 所示，每一侧有效翼缘宽度 b_f 取以下四者中的最小值：①翼缘厚度 h_f 的 6 倍；②剪力墙净间距的一半；③剪力墙总高的 1/20；④剪力墙轴线至洞口边距离。

2.1.2 水平荷载作用下的受力变形特点

剪力墙结构是在框架结构的基础上发展起来的。框架结构中柱的抗弯刚度比较小，由材料力学的知识可知，构件的抗弯刚度与截面高度的 3 次方成正比。高层建筑要求结构体系具有较大的侧向刚度，故而增大框架柱截面高度以满足高层建筑侧移要求的办法自然就产生了。但是由于它与框架柱的受力性能有很大不同，因而形成了另外一种结构构件。

在承受水平荷载作用时，剪力墙相当于一根悬臂深梁，所产生的内力是水平剪力和弯矩，其控制截面是底层截面。墙肢截面在弯矩作用下发生结构下部层间相对侧移较小，结

构上部层间相对侧移较大的"弯曲型变形"，在剪力作用下发生结构下部层间相对侧移较大，结构上部层间相对侧移较小的"剪切型变形"，这两种变形的叠加构成平面剪力墙的变形特征。

在高层建筑结构中，剪力墙的变形以弯曲变形为主，其位移曲线呈弯曲型，特点是结构层间位移随楼层的增高而增加。

2.1.3　剪力墙结构主要特点

相比框架结构来说，剪力墙结构的抗侧移刚度大，整体性好。结构顶点水平位移和层间位移通常较小，能满足高层建筑抵抗较大水平荷载作用的要求，同时剪力墙的截面面积大，竖向承载力要求也较容易满足。由于剪力墙能够有效抵抗水平荷载，因此剪力墙结构具有以下主要特点：

（1）抗侧刚度大，侧移小。

（2）室内墙面平整。

（3）平面布置不灵活。

（4）结构自重大，吸收地震能量大。

（5）施工较麻烦，造价较高。

2.1.4　剪力墙的破坏特征

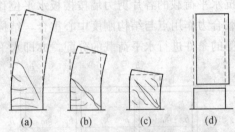

图2.2　悬臂实体剪力墙的破坏形态
（a）弯曲破坏；（b）弯剪破坏；（c）剪切破坏；（d）滑移破坏

悬臂实体剪力墙可能出现如图2.2所示的几种破坏情况。在实际工程中，为了改善剪力墙的平面受力变形特征，结合建筑设计使用功能要求，在剪力墙上开设洞口而以连梁相连，以使单肢剪力墙的高宽比显著提高，从而使剪力墙墙肢发生延性较好的弯曲破坏。若墙肢高宽比较小，一旦墙肢发生破坏，肯定是无较大变形的脆性剪切破坏。设计时应尽可能增大墙肢高宽比以避免脆性的剪切破坏。

2.1.5　剪力墙良好的抗震性能

从历次国内外大地震，特别是汶川大地震震害情况分析可知，剪力墙结构的破坏程度一般较其他结构（如框架结构）轻。经过合理的设计，剪力墙结构可以成为抗震性能良好的延性结构。因此，在我国汶川大地震发生后，剪力墙结构在非地震区和地震区的高层建筑中都得到广泛的应用。

2.2　剪力墙结构在荷载作用下的计算方法

2.2.1　剪力墙结构在水平荷载作用下的计算方法

剪力墙结构随着类型和开洞大小的不同，在水平荷载作用下，其计算方法和计算简图的选取也不同。除了整体墙和整体小开口墙基本上采用材料力学的计算公式外，其他大体上还有以下一些算法。

2.2.1.1　简化连杆的计算法

将结构进行某些简化，得到比较简单的解析解。如双肢墙和多肢墙连续连杆法就属于这一类，该法将每一楼层的连梁假想为分布在整个楼层高度上的一系列连续连杆，借助于连杆的位移协调条件建立墙的内力微分方程，解微分方程便可求得内力。

2.2.1.2　带刚域框架的计算法

将剪力墙简化为一个等效多层框架。由于墙肢和连梁都较宽，在墙梁相交处形成一个刚性区域，在这个区域内，墙梁的刚度为无限大。因此，这个等效框架的杆件便成为带刚域的杆件。

带刚域框架（又称为壁式框架）的算法又分为简化计算法和矩阵位移法。

除此之外，还有有限单元法和有限条带法，前者需要大容量的电子计算机，目前应用受到限制，后者可以使用中小型计算机计算。

2.2.2　剪力墙结构在竖向荷载作用下的计算

剪力墙结构是一个空间结构。在楼面竖向荷载作用下可不考虑结构的连续性，各片剪力墙承受的竖向荷载可按它的受荷面积进行分配计算。竖向荷载除了在连梁内产生弯矩外，在墙肢内产生的主要是轴向力，可用比较简单的方法确定其内力。

2.3　剪力墙结构设计的一般规定

（1）剪力墙结构应具有适宜的侧向刚度，剪力墙截面宜简单、规则，其布置应符合下列要求：

1）剪力墙结构中，剪力墙宜沿主轴方向或其他方向双向布置；抗震设计时，不应采用单向有墙的结构布置形式。剪力墙墙肢截面宜简单、规则。剪力墙结构的侧向刚度不宜相差过大。

2）宜自下到上连续布置，避免刚度发生突变。

3）门窗洞口宜上下对齐、成列布置，形成明确的墙肢和连梁。宜避免造成墙肢宽度相差悬殊的洞口设置。抗震设计时，抗震等级为一、二、三级剪力墙的底部和加强部位不宜采用错洞墙；抗震等级为一、二、三级的剪力墙均不宜采用叠合错洞墙。

（2）抗震设计时，高层建筑结构不应全部采用短肢剪力墙。B 级高度高层建筑以及抗震设防烈度为 9 度的 A 级高度高层建筑，不宜布置短肢剪力墙，不应采用具有较多短肢剪力墙的剪力墙结构；当采用具有较多短肢剪力墙的剪力墙结构时，应符合下列要求：

1）房屋适用高度应比表 2.1 规定的剪力墙结构的最大适用高度适当降低，7 度和 8 度抗震设计时分别不应大于 100m 和 80m。

2）短肢剪力墙承担的底部倾覆力矩不宜大于结构底部总地震倾覆力矩的 50%。

（3）当 $h_w/b_w \leqslant 4$ 时，宜按框架柱进行截面设计。

（4）剪力墙的墙肢截面高度不宜大于 8m；较长的剪力墙宜设置连梁跨高比不小于 6 的洞口，将一道剪力墙分成长度较均匀的若干墙段，各墙段的高宽比不宜小于 3。

（5）剪力墙开洞形成的跨高比小于 5 的连梁，应按连梁设计，当跨高比不小于 5 时，宜按框架梁设计。

表 2.1　　　　　　　**A 级高度钢筋混凝土高层建筑的最大适用高度**　　　　　单位：m

结构体系		非抗震设计	抗震设防烈度				
			6 度	7 度	8 度		9 度
					0.2g	0.3g	
框架		70	60	50	40	35	24
框架-剪力墙		150	130	120	100	80	50
剪力墙	全部落地剪力墙	150	140	120	100	80	60
	部分框支剪力墙	130	120	100	80	50	不应采用
筒体	框架-核心筒	160	150	130	100	90	70
	筒中筒	200	180	150	120	100	80
板柱-剪力墙		110	80	70	55	40	不应采用

（6）应控制剪力墙平面外的弯矩。当剪力墙墙肢与其平面外方向的楼面梁连接时，应至少采取以下措施中的一个措施，减小梁端部弯矩对墙的不利影响：

1）沿梁轴线方向设置与梁相连的剪力墙，抵抗该墙肢平面外弯矩。

2）当不能设置与梁轴线方向相连的剪力墙时，宜在墙与梁相交处设置扶壁柱。扶壁柱宜按计算确定截面及配筋。

3）当不能设置扶壁柱时，应在墙与梁相交处设置暗柱，并宜按计算确定配筋。

4）必要时，剪力墙内可设置型钢。

（7）抗震设计时，短肢剪力墙的设计应符合下列要求：

1）一、二、三级短肢剪力墙的轴压比，在底部加强部位分别不宜大于 0.45、0.50、0.55，一字形截面短肢剪力墙的轴压比限值再相应减少 0.1；在底部加强部位以上的其他部位不宜大于上述规定值加 0.05。

2）除底部加强部位应按剪力墙的配筋调整剪力设计值外，其他各层短肢剪力墙的剪力设计值，一、二级抗震等级应分别乘以增大系数 1.4 和 1.2。

3）短肢剪力墙截面的全部纵向钢筋的配筋率，底部加强部位不宜小于 1.0%，其他部位不宜小于 0.8%；且短肢剪力墙截面厚度不应小于 180mm。

4）不宜采用一字形短肢剪力墙，不应在一字形短肢剪力墙布置平面外布置与之相交的单侧楼面梁。

（8）抗震设计时，一般剪力墙结构底部加强部位的高度应从地下室顶板算起，可取底部两层和墙体总高度的 1/10 二者的较大值。

（9）不宜将楼面主梁支承在剪力墙之间的连梁上，楼面梁与剪力墙连接时，梁内纵向钢筋应伸入墙内，并可靠锚固。

2.4　剪力墙的构造要求

2.4.1　剪力墙的最小厚度

剪力墙最小厚度的相关规定如表 2.2 所示。

表 2.2			剪力墙截面最小厚度			
情　况	抗震等级	剪力墙部位	最小厚度（二者中之较大者）			
			有端柱或翼墙		无端柱或无翼墙	
1	一、二级	底部加强部位	$H/16$	200mm	$H/12$	220mm
		其他部位	$H/20$	160mm	$H/15$	180mm
2	三、四级	底部加强部位	$H/20$	160mm	$H/16$	180mm
		其他部位	$H/25$	160mm	$H/20$	160mm
3	非抗震		$H/25$	160mm	$H/25$	160mm

注　1. H 为层高或无支长度。
　　2. 底部加强部位的高度取底部两层和墙体总高度的 1/10 二者的较大值。

2.4.2　剪力墙的配筋

2.4.2.1　配筋方式

高层建筑剪力墙中竖向和水平分布钢筋，不应采用单排配筋。当剪力墙截面厚度 $b_w \leqslant$ 400mm 时，可采用双排配筋；当 $400\text{mm} < b_w \leqslant 700\text{mm}$ 时，宜采用三排配筋；当 $b_w > $ 700mm 时，宜采用四排配筋。受力钢筋可均匀分布成数排。各排分布钢筋之间的拉接筋间距不应大于 600mm，直径不应小于 6mm，在底部加强部位，约束边缘构件以外的拉接筋间距尚宜适当加密。

2.4.2.2　内力设计值调整

（1）剪力墙的受剪截面应符合下列要求。

当无地震作用组合时：

$$V_w \leqslant 0.25\beta_c f_c b_w h_{w0} \tag{2-1}$$

当有地震作用组合时：

若剪跨比 $\lambda > 2.5$，有

$$V_w \leqslant \frac{1}{\gamma_{RE}}(0.20\beta_c f_c b_w h_{w0}) \tag{2-2}$$

若剪跨比 $\lambda \leqslant 2.5$，有

$$V_w \leqslant \frac{1}{\gamma_{RE}}(0.15\beta_c f_c b_w h_{w0}) \tag{2-3}$$

式中　V_w——剪力墙截面剪力设计值，应通过调整增大；

　　　　h_{w0}——剪力墙截面有效高度；

　　　　β_c——混凝土强度影响系数；

　　　　λ——计算截面处的剪跨比，其中应分别取与同一组组合的弯矩和剪力墙计算值（计算剪跨比时内力均不调整，以便反映剪力墙的实际剪跨比）。

（2）一级抗震剪力墙的底部加强部位以上部位，墙肢的组合弯矩设计值应乘以增大系数，其值取 1.2。

（3）底部加强部位剪力墙截面的剪力设计值，一、二、三级时应按式（2-4）调整，9 度一级剪力墙应按式（2-5）调整；一、二、三级的其他部位及四级时可不调整。

$$V = \eta_{vw} V_w \qquad (2-4)$$

$$V = 1.1 \frac{M_{wua}}{M_w} V_w \qquad (2-5)$$

上述式中　V——底部加强部位剪力墙截面剪力设计值；

　　　　　V_w——底部加强部位剪力墙截面考虑地震作用组合的剪力计算值；

　　　　　M_{wua}——剪力墙正截面抗震受弯承载力，应考虑承载力抗震调整系数 γ_{RE}、采用实配纵筋面积、材料强度标准值和组合的轴力设计值等计算，有翼墙时应计入墙两侧各一倍翼墙厚度范围内的纵向钢筋；

　　　　　M_w——底部加强部位剪力墙底截面弯矩的组合计算值；

　　　　　η_{vw}——剪力增大系数，一级为 1.6，二级为 1.4，三级为 1.2。

2.4.2.3　剪力墙的轴压比限值

抗震设计时，一、二级抗震等级的剪力墙底部加强部位，其重力荷载代表值作用下墙肢的轴压比不宜超过表 2.3 的限值。

表 2.3　　　　　　　　　　　剪力墙的轴压比限值

轴　压　比	一级（9 度）	一级（7、8 度）	二、三级
$\dfrac{N}{f_c A}$	0.4	0.5	0.6

　注　N 为重力荷载代表值作用下剪力墙墙肢的轴向压力设计值；A 为剪力墙墙肢截面面积；f_c 为混凝土轴心抗压强度设计值。

钢筋混凝土剪力墙应进行平面内的斜截面受剪、偏心受压或偏心受拉、平面外轴心受压承载力计算。在集中荷载作用下，墙内无暗柱时还应进行局部受压承载力计算。

特别是在抗震设计的双肢剪力墙中，墙肢不宜出现小偏心受拉；当任一墙肢大偏心受拉时，另一墙肢的弯矩设计值及剪力设计值应乘以增大系数 1.25。

2.4.2.4　偏心受压剪力墙的正截面受压承载力和斜截面承载力计算

1. 偏心受压剪力墙的正截面受压承载力计算

矩形、T 形、I 形偏心受压剪力墙（见图 2.3）正截面受压承载力可按现行国家标准《混凝土结构设计规范》（GB 50010—2010）的有关规定计算，也可按下列公式计算。

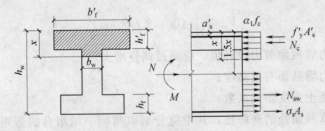

图 2.3　剪力墙正截面承载力计算简图

无地震作用组合时，有

$$N \leqslant A'_s f'_y - A_s \sigma_s - N_{sw} + N_c \qquad (2-6)$$

$$N\left(e_0 + h_{w0} - \frac{h_w}{2}\right) \leqslant A'_s f'_y (h_{w0} - a'_s) - M_{sw} + M_c \qquad (2-7)$$

当 $x>h'_f$ 时，中和轴在腹板中，基本公式中 N_c、M_c 由下式计算：

$$N_c = \alpha_1 f_c b_w x + \alpha_1 f_c (b'_f - b_w) h'_f \tag{2-8}$$

$$M_c = \alpha_1 f_c b_w x \left(h_{w0} - \frac{x}{2} \right) + \alpha_1 f_c (b'_f - b_w) h'_f \left(h_{w0} - \frac{h'_f}{2} \right) \tag{2-9}$$

当 $x \leqslant h'_f$ 时，中和轴在翼缘内，基本公式中 N_c、M_c 由下式计算：

$$N_c = \alpha_1 f_c b'_f x \tag{2-10}$$

$$M_c = \alpha_1 f_c b'_f x \left(h_{w0} - \frac{x}{2} \right) \tag{2-11}$$

当 $x \leqslant \xi_b h_{w0}$ 时，为大偏压，受拉、受压端部钢筋都达到屈服，基本公式中 σ_s、N_{sw}、M_{sw} 由下式计算：

$$\sigma_s = f_y \tag{2-12}$$

$$N_{sw} = (h_{w0} - 1.5x) b_w f_{yw} \rho_w \tag{2-13}$$

$$M_{sw} = \frac{1}{2} (h_{w0} - 1.5x)^2 b_w f_{yw} \rho_w \tag{2-14}$$

当 $x>\xi_b h_{w0}$ 时，为小偏压，端部受压钢筋达到屈服，而受拉分布钢筋及端部钢筋均未屈服，基本公式中 σ_s、N_{sw}、M_{sw} 由下式计算：

$$\sigma_s = \frac{f_y}{\xi_b - 0.8} \left(\frac{x}{h_{w0}} - \beta_1 \right) \tag{2-15}$$

$$N_{sw} = 0 \tag{2-16}$$

$$M_{sw} = 0 \tag{2-17}$$

界限相对受压区高度为

$$\xi_b = \frac{\beta_1}{1 + \dfrac{f_y}{E_s \varepsilon_{cu}}} \tag{2-18}$$

上述式中　　a'_s——剪力墙受压区端部钢筋合力点到受压区边缘的距离；

　　　　　　b'_f——T 形或 I 形截面受压区翼缘宽度；

　　　　　　e_0——偏心距，$e_0 = M/N$；

　　　f_y、f'_y——分别为剪力墙端部受拉、受压钢筋强度设计值；

　　　　　　f_{yw}——剪力墙墙体竖向分布钢筋强度设计值；

　　　　　　f_c——混凝土轴心抗压强度设计值；

　　　　　　h'_f——T 形或 I 形截面受压区翼缘的高度；

　　　　　　h_{w0}——剪力墙截面有效高度，$h_{w0} = h_w - a'_s$；

　　　　　　ρ_w——剪力墙竖向分布钢筋配筋率；

　　　　　　ξ_b——界限相对受压区高度；

　　　　　　α_1——受压区混凝土矩形应力图与混凝土轴心抗压强度设计值的比值，当混凝土强度等级不超过 C50 时取 1.0，当混凝土强度等级为 C80 时取 0.94，当混凝土强度等级在 C50 和 C80 之间时，可按线性内插取值；

　　　　　　β_1——随混凝土强度提高而逐渐降低的系数，当混凝土强度等级不超过 C50 时取 0.8；当混凝土强度等级为 C80 时取 0.74，当混凝土强度等级在 C50

和 C80 之间时，可按线性内插取值；

ε_{cu}——混凝土极限压应变，按《混凝土结构设计规范》（GB 50010—2010）的有关规定采用。

有地震作用组合时，式（2-6）、式（2-7）右端应除以承载力抗震调整系数，取 0.85。

2. 矩形截面偏心受拉剪力墙的正截面承载力计算

矩形截面偏心受拉剪力墙的正截面承载力可按下列近似公式计算：

无地震作用组合时，有

$$N \leqslant \frac{1}{\dfrac{1}{N_{0u}} + \dfrac{e_0}{M_{wu}}} \tag{2-19}$$

有地震作用组合时，有

$$N \leqslant \frac{1}{\gamma_{RE}} \left[\frac{1}{\dfrac{1}{N_{0u}} + \dfrac{e_0}{M_{wu}}} \right] \tag{2-20}$$

其中

$$N_{0u} = 2A_s f_y + A_{sw} f_{yw} \tag{2-21}$$

$$M_{wu} = A_s f_y (h_{w0} - a_s') + A_{sw} f_{yw} \frac{(h_{w0} - a_s')}{2} \tag{2-22}$$

式中　A_{sw}——剪力墙腹板竖向分布钢筋的全部截面面积。

3. 偏心受压剪力墙的斜截面受剪承载力计算

偏心受压剪力墙的斜截面受剪承载力应按下列公式计算：

无地震作用组合时，有

$$V \leqslant \frac{1}{\lambda - 0.5} \left(0.5 f_t b_w h_{w0} + 0.13 N \frac{A_w}{A} \right) + f_{yh} \frac{A_{sh}}{s} h_{w0} \tag{2-23}$$

有地震作用组合时，有

$$V \leqslant \frac{1}{\gamma_{RE}} \left[\frac{1}{\lambda - 0.5} \left(0.4 f_t b_w h_{w0} + 0.1 N \frac{A_w}{A} \right) + 0.8 f_{yh} \frac{A_{sh}}{s} h_{w0} \right] \tag{2-24}$$

式中　N——剪力墙的轴向压力设计值，抗震设计时，应考虑地震作用效应组合，当 $N >$ $0.2 f_c b_w h_w$ 时，应取 $0.2 f_c b_w h_w$；

A——剪力墙的截面面积；

A_w——T 形或 I 形截面剪力墙腹板的面积，矩形截面时应取 A；

λ——计算截面处的剪跨比，计算时，小于 1.5 时应取 1.5，当大于 2.2 时应取 2.2，当计算截面与墙底之间的距离小于 $0.5 h_{w0}$ 时，应按距墙底 $0.5 h_{w0}$ 处的弯矩值与剪力值计算；

s——剪力墙水平分布钢筋间距。

4. 偏心受拉剪力墙的斜截面受剪承载力计算

偏心受拉剪力墙的斜截面受剪承载力应按下列公式计算：

无地震作用组合时，有

$$V \leqslant \frac{1}{\lambda - 0.5} \left(0.5 f_t b_w h_{w0} - 0.13 N \frac{A_w}{A} \right) + f_{yh} \frac{A_{sh}}{s} h_{w0} \tag{2-25}$$

式中右端的计算值小于 $f_{yh}\dfrac{A_{sh}}{s}h_{w0}$ 时，取等于 $f_{yh}\dfrac{A_{sh}}{s}h_{w0}$。

有地震作用组合时，有

$$V\leqslant\frac{1}{\gamma_{RE}}\left[\frac{1}{\lambda-0.5}\left(0.4f_tb_wh_{w0}-0.1N\frac{A_w}{A}\right)+0.8f_{yh}\frac{A_{sh}}{s}h_{w0}\right] \tag{2-26}$$

式中右端方括号内的计算值小于 $0.8f_{yh}\dfrac{A_{sh}}{s}h_{w0}$ 时，取等于 $0.8f_{yh}\dfrac{A_{sh}}{s}h_{w0}$。

5. 一级抗震等级设计的剪力墙的抗滑移能力验算

按一级抗震等级设计的剪力墙，其水平施工缝处的抗滑移能力宜符合下列要求：

$$V_{wj}\leqslant\frac{1}{\gamma_{RE}}(0.6f_yA_s\pm0.8N) \tag{2-27}$$

式中　V_{wj}——水平施工缝处考虑地震作用组合的剪力设计值；

A_s——水平施工缝处剪力墙腹板内竖向分布钢筋、竖向插筋和边缘构件（不包括两侧翼缘）纵向钢筋的总截面面积；

f_y——竖向钢筋抗拉强度设计值；

N——水平施工缝处考虑地震作用组合的不利轴向力设计值。

当 N 为轴向压力时，上式取正；当 N 为轴向拉力时，上式取负。

6. 平面外轴心受压承载力验算方法

剪力墙平面外轴心受压承载力应按下式验算：

$$N\leqslant0.9\varphi(f_cA+f_y'A_s') \tag{2-28}$$

式中　A_s'——取全部竖向钢筋的截面面积；

φ——稳定系数，按表 2.4 进行取值，在确定稳定系数 φ 时，平面外计算长度可按层高取；

N——取计算截面最大轴压力设计值；

0.9——为了保持与偏心受压构件正截面承载力具有相近的可靠度而引进的系数。

表 2.4　　　　　　　　钢筋混凝土轴心受压构件的稳定系数 φ

$\dfrac{l_0}{b}$	≤8	10	12	14	16	18	20	22	24	26	28
$\dfrac{l_0}{d}$	≤7	8.5	10.5	12	14	15.5	17	19	21	22.5	24
$\dfrac{l_0}{i}$	≤28	35	42	48	55	62	69	76	83	90	97
φ	1.0	0.98	0.95	0.92	0.87	0.81	0.75	0.70	0.65	0.60	0.56
$\dfrac{l_0}{b}$	30	32	34	36	38	40	42	44	46	48	50
$\dfrac{l_0}{d}$	26	28	29.5	31	33	34.5	36.5	38	40	41.5	43
$\dfrac{l_0}{i}$	104	111	118	125	132	139	146	153	160	167	174
φ	0.52	0.48	0.44	0.40	0.36	0.32	0.29	0.26	0.23	0.21	0.19

注　l_0 为构件计算长度；b 为矩形截面短边；d 为圆形截面直径；i 为截面最小回转半径，$i=\sqrt{I/A}$。

2.4.2.5　分布钢筋最小配筋率

竖向分布钢筋和水平分布钢筋的最小配筋率、最大间距、最小直径应满足表 2.5 的要求。

表 2.5 剪力墙分布钢筋最小配筋率

情 况	抗震等级	最小配筋率	最大间距		最小直径
一般剪力墙	一、二、三级	0.25%		300mm	8mm
	四级（非抗震）	0.20%	不宜大于	300mm	8mm
B级高度剪力墙	特一级	0.35% 0.40%(底部加强部位)		300mm	8mm
房屋顶层剪力墙	抗震与非抗震	0.25%	不应大于	200mm	—
长矩形平面房屋的楼、电梯间剪力墙					
端开间纵向剪力墙					
端山墙					

为了保证分布钢筋具有可靠的混凝土握裹力，剪力墙竖向、水平分布钢筋的直径不宜大于墙肢截面厚度的 1/10，如果要求的分布钢筋直径过大，则应加强墙肢截面厚度。

2.4.2.6 钢筋的锚固与连接

剪力墙中，钢筋的锚固和连接要满足以下要求。

(1) 非抗震设计时，剪力墙纵向钢筋最小锚固长度应取 l_a；抗震设计时，剪力墙纵向钢筋最小锚固长度应取 l_{aE}；l_a、l_{aE} 的取值应符合以下要求：

1) 非抗震设计时，受拉钢筋的最小锚固长度应取 l_a。受拉钢筋绑扎搭接的搭接长度，应根据位于同一连接区段内搭接钢筋截面面积的百分率按下式计算，且不应小于 300mm。

$$l_1 = \zeta l_a \qquad (2-29)$$

式中 l_1——受拉钢筋的搭接长度；

l_a——受拉钢筋的锚固长度，应按现行国家标准《混凝土结构设计规范》（GB 50010—2010）有关规定采用；

ζ——受拉钢筋搭接长度修正系数，应按表 2.6 采用。

表 2.6 纵向受拉钢筋搭接长度修正系数 ζ

同一连接区段内搭接钢筋面积百分率	≤25%	50%	100%
受拉钢筋搭接长度修正系数 ζ	1.2	1.4	1.8

注 同一连接区段内搭接钢筋面积百分率取在同一连接区段内有搭接接头的受力钢筋与全部受力钢筋面积之比。

2) 纵向受拉钢筋的最小锚固长度应按下列各式采用。

一、二级抗震等级：$\qquad l_{aE} = 1.15 l_a \qquad (2-30)$

三级抗震等级：$\qquad l_{aE} = 1.05 l_a \qquad (2-31)$

四级抗震等级：$\qquad l_{aE} = 1.00 l_a \qquad (2-32)$

式中 l_{aE}——抗震设计时受拉钢筋的锚固长度。

3) 当采用绑扎搭接接头时，其搭接长度不应小于下式的计算值：

$$l_{1E} = \zeta l_{aE} \qquad (2-33)$$

式中 l_{1E}——抗震设计时受拉钢筋的搭接长度。

4）受拉钢筋直径大于 28mm、受压钢筋直径大于 32mm 时，不宜采用绑扎搭接接头。

（2）剪力墙竖向及水平分布钢筋的搭接连接（见图 2.4），一级、二级抗震等级剪力墙的加强部位，接头位置应错开，每次连接的钢筋数量不宜超过总数量的 50%，错开净距不宜小于 500mm；其他情况剪力墙的钢筋可在同一部位连接。

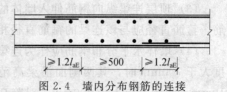

图 2.4　墙内分布钢筋的连接

非抗震设计时，分布钢筋的搭接长度不应小于 $1.2l_a$（非抗震设计时图中 l_{aE} 应取 l_a）；抗震设计时，不应小于 $1.2l_{aE}$。

（3）暗柱及端柱内纵向钢筋连接和锚固要求宜与框架柱相同，并且符合以下规定：

1）一、二级抗震等级及三级抗震等级的底层，宜采用机械连接接头，也可采用绑扎搭接或焊接接头；三级抗震等级的其他部位和四级抗震等级，可采用绑扎搭接或焊接接头。

2）位于同一连接区段内的受拉钢筋接头面积百分率不宜超过 50%。

3）当接头位置无法避开梁端、柱端箍筋加密区时，宜采用机械连接接头，且钢筋接头面积百分率不应超过 50%。

4）钢筋的机械连接、绑扎搭接及焊接，尚应符合国家现行有关标准的规定。

5）抗震设计时，顶层中节点柱纵向钢筋和边节点柱内侧纵向钢筋应伸至柱顶；当从梁底边计算的直线锚固长度不小于 l_{aE} 时，可不必水平弯折，否则应向柱内或梁内、板内水平弯折，锚固段弯折前的竖直投影长度不应小于 $0.5l_{aE}$，弯折后的水平投影长度不宜小于 12 倍的柱纵向钢筋直径。

6）抗震设计时，顶层端节点处，柱外侧纵向钢筋可与梁上部纵向钢筋搭接，搭接长度不应小于 $1.5l_{aE}$，且伸入梁内的柱外侧纵向钢筋截面面积不宜小于柱外侧全部纵向钢筋截面面积的 65%；在梁宽范围以外的柱外侧纵向钢筋可伸入现浇板内，其伸入长度与伸入梁内的相同。当柱外侧纵向钢筋的配筋率大于 1.2% 时，伸入梁内的柱纵向钢筋宜分两批截断，其截断点之间的距离不宜小于 20 倍的柱纵向钢筋直径。

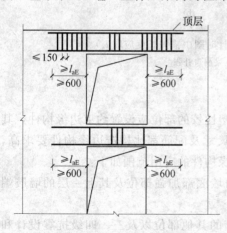

图 2.5　连梁配筋构造示意图

2.4.3　连梁配筋构造

为了防止斜裂缝出现后的脆性破坏，除了采取减小其名义剪应力、加大其箍筋配置的措施外，连梁配筋还应在构造上满足一些特殊要求，连梁配筋构造如图 2.5 所示。非抗震设计时，图中 l_{aE} 应取 l_a。

（1）连梁顶面、底面纵向受力钢筋伸入墙内的锚固长度，抗震设计时不应小于 l_{aE}，非抗震设计时不应小于 l_a，且不应小于 600mm。

（2）抗震设计时，沿连梁全长箍筋的构造应按框架梁梁端加密区箍筋的构造要求采用；非抗震设计时，沿连梁全长的箍筋直径不应小于 6mm，间距不应大于 150mm。

（3）顶层连梁纵向钢筋伸入墙体的长度范围内，应配置间距不大于150mm的构造箍筋，箍筋直径应与该连梁的箍筋直径相同。

（4）墙体水平分布钢筋应作为连梁的腰筋在连梁范围内拉通连续配置；当连梁截面高度大于700mm时，其两侧面沿梁高范围设置的纵向构造钢筋（腰筋）的直径不应小于10mm，间距不应大于200mm；对跨高比不大于2.5的连梁，梁两侧的纵向构造钢筋（腰筋）的面积配筋率不应小于0.3%。

2.4.4　墙面和连梁上开洞处理

剪力墙墙面开洞和连梁开洞时，应符合下列要求：

（1）当剪力墙墙面开有非连续小洞口（其各边长度小于800mm），且在整体计算中不考虑其影响时，应将洞口处被截断的分布筋量分别集中配置在洞口上、下和左、右两边〔见图2.6（a）〕，且钢筋直径不应小于12mm。

（2）穿过连梁的管道宜预埋套管，洞口上、下的有效高度不宜小于梁高的1/3，且不宜小于200mm，洞口处宜配置补强钢筋，被洞口削弱的截面应进行承载力验算〔见图2.6（b）〕。

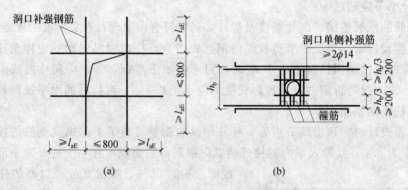

图2.6　洞口补强配筋示意图（非抗震设计时图中锚固长度应取 l_a）
（a）剪力墙洞口补强；（b）连梁洞口补强

2.4.5　边缘构件

（1）对延性要求比较高的剪力墙，在可能出现塑性铰的部位应设置约束边缘构件，其他部位可设置构造边缘构件。约束边缘构件的截面尺寸及配筋都比构造边缘构件要求高，其长度及箍筋配置量都需要通过计算确定。两种边缘构件的应用范围如下：

1）约束边缘构件，在一、二级抗震设计的剪力墙底部加强部位及其上一层的墙肢端部设置。

2）构造边缘构件，在一、二级抗震设计剪力墙的其他部位以及三、四级抗震设计和非抗震设计的剪力墙墙肢端部设置。

（2）剪力墙约束边缘构件（见图2.7）的设计应符合下列要求：

1）约束边缘构件沿墙肢方向的长度 l_c 和箍筋配箍特征值 λ_v 宜符合表2.7的要求，且一、二级抗震设计时箍筋直径均不应小于8mm、箍筋间距分别不宜大于100mm和150mm。箍筋的配筋范围如图2.7中的阴影面积所示，其体积配箍率 ρ_v 应按下式计算：

$$\rho_v = \lambda_v \frac{f_c}{f_{yv}} \tag{2-34}$$

式中　λ_v——约束边缘构件配筋特征值，可由表 2.7 查得；

　　　f_c——混凝土轴心抗压强度设计值；混凝土强度等级低于 C35 时，应取 C35 的混凝土轴心抗压强度设计值；

　　　f_{yv}——箍筋或拉筋的抗拉强度设计值。

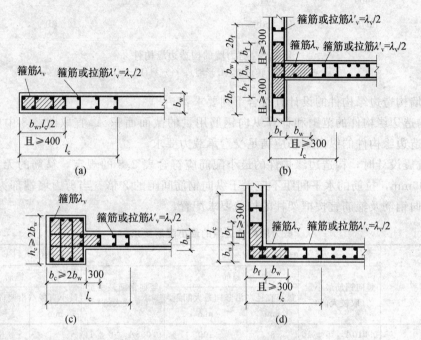

图 2.7　剪力墙的约束边缘构件

(a) 暗柱；(b) 有翼墙；(c) 有端柱；(d) 转角墙（L 形墙）

表 2.7　　　　　　　　　　约束边缘构件范围 l_c 及其配箍特征值 λ_v

项　目		一级（9度）		一级（8度）		二、三级	
		$\lambda_N \leqslant 0.2$	$\lambda_N > 0.2$	$\lambda_N \leqslant 0.3$	$\lambda_N > 0.3$	$\lambda_N \leqslant 0.4$	$\lambda_N > 0.4$
λ_v		0.12	0.20	0.12	0.20	0.12	0.20
l_c	暗柱	$0.20h_w$	$0.25h_w$	$0.15h_w$	$0.20h_w$	$0.15h_w$	$0.20h_w$
	翼墙或端柱	$0.15h_w$	$0.20h_w$	$0.10h_w$	$0.15h_w$	$0.10h_w$	$0.15h_w$

注　1. λ_N 为墙肢在重力荷载代表值作用下的轴压比；h_w 为剪力墙墙肢长度。

　　2. 剪力墙的翼墙长度小于其 3 倍厚度或端柱截面边长小于 2 倍墙厚时，视为无翼墙、无端柱。

　　3. l_c 为约束边缘构件沿墙肢方向的长度，对暗柱不应小于墙厚和 400mm 的较大值；有翼柱或端柱时，尚不应小于翼墙厚度或端柱沿墙肢方向截面高度加 300mm。

2）约束边缘构件纵向钢筋的配筋范围不应小于图 2.8 中的阴影面积，其纵向钢筋最小截面面积，一、二、三级抗震设计时分别不应小于图中阴影面积的 1.2%、1.0% 和 1.0%，并分别不应小于 8ϕ16、6ϕ16 和 6ϕ14。

（3）剪力墙构造边缘构件按构造要求设置，剪力墙的构造边缘构件主要包括暗柱、转角墙（L形墙）、翼柱以及端柱，如图2.8所示。

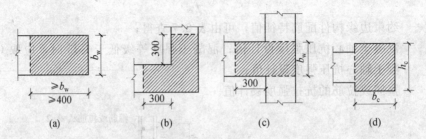

图 2.8　剪力墙的构造边缘构件
(a) 暗柱；(b) 转角墙（L形墙）；(c) 翼柱；(d) 端柱

剪力墙构造边缘构件的设计宜符合下列要求：

1）构造边缘构件的范围和计算纵向钢筋用量的截面面积 A_c 宜取图2.8中的阴影部分，且构造边缘构件的纵向钢筋应满足受弯承载力要求。

2）抗震设计时，构造边缘构件的最小配筋应符合表2.8的规定，箍筋的无支长度不应大于300mm，拉筋的水平间距不应大于纵向钢筋间距的2倍。当剪力墙端部为端柱时，端柱中纵向钢筋及箍筋宜按框架柱的构造要求配置。

表 2.8　　　　　　　　　　　剪力墙构造边缘的最小配筋要求

抗震等级	底部加强部位			其他部位		
	竖向钢筋最小量（取较大值）	箍筋		竖向钢筋最小量（取较大值）	箍筋	
		最小直径/mm	沿竖向最大间距/mm		最小直径/mm	沿竖向最大间距/mm
一	$0.010A_c$，6 Φ 16	8	100	$0.008A_c$，6 Φ 14	8	150
二	$0.008A_c$，6 Φ 14	8	150	$0.006A_c$，6 Φ 12	8	200
三	$0.006A_c$，6 Φ 12	6	150	$0.005A_c$，4 Φ 12	6	200
四	$0.005A_c$，4 Φ 12	6	200	$0.004A_c$，4 Φ 12	6	250

注　1. A_c 为构造边缘构件的截面面积。
　　2. 其他部位的转角处宜采用箍筋。

3）抗震设计时，对于复杂高层建筑结构、混合结构、框架-剪力墙结构、筒体结构以及B级高度的剪力墙结构中的剪力墙（筒体），其构造边缘构件的最小配筋应符合下列要求：

a. 竖向钢筋最小配筋应将表2.8中的 $0.008A_c$、$0.006A_c$、$0.005A_c$ 和 $0.004A_c$ 分别代之以 $0.010A_c$、$0.008A_c$、$0.006A_c$ 和 $0.005A_c$。

b. 箍筋的配筋范围宜取图2.7中的阴影部分，其配箍特征值 λ_v 不宜小于0.1。

4）非抗震设计时，剪力墙端部应按构造配置不少于4根12mm的纵向钢筋，沿纵向钢筋应配置直径不小于6mm、间距不宜大于250mm的箍筋。

第3章 剪力墙的类型判别和刚度计算

3.1 剪力墙的类型判别

3.1.1 剪力墙的分类

3.1.1.1 按长宽比分类

剪力墙按墙肢截面长度与宽度之比分为以下三类：

（1）当 $h_w/b_w \leqslant 4$ 时，称之为柱。

（2）当 $4 < h_w/b_w \leqslant 8$ 时，称之为短肢剪力墙。

（3）当 $h_w/b_w > 8$ 时，称之为普通剪力墙。

h_w 和 b_w 取法如图 3.1 所示。

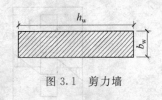

图 3.1 剪力墙

3.1.1.2 按墙面是否开洞和开洞大小分类

剪力墙按是否开洞和开洞大小可以分成四类。

1. 整截面剪力墙

凡墙面门窗洞口面积不超过墙面总面积的 15%，且洞口间的净距及洞口至墙边的净距大于洞口长边尺寸时，可忽略洞口的影响，正应力按直线规律分布，这样的墙称为整截面剪力墙（或整体墙），如图 3.2（a）所示。

受力特点：如同一个整体的悬臂梁，当剪力墙高宽比较大时，受弯变形后截面仍保持平面，截面正应力呈直线分布，沿墙的高度方向弯矩图既不发生突变，也不出现反弯点，如图 3.2（b）所示，变形以弯曲型为主。

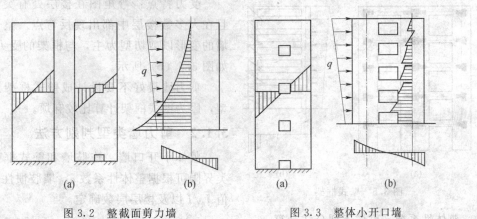

图 3.2 整截面剪力墙　　　　图 3.3 整体小开口墙

2. 整体小开口墙

当剪力墙的洞口沿竖向成列布置，洞口的总面积超过墙面总面积的 15%，剪力墙的墙肢中已出现局部弯矩，但局部弯矩值一般不超过整体弯矩的 15%，正应力大体上仍按直线分布的，这样的剪力墙称为整体小开口墙，如图 3.3（a）所示。

受力特点：整体小开口墙的洞口较小，连梁刚度很大，墙肢的高度又相对较小。这时连梁的约束作用很强，墙的整体性很好。水平荷载产生的弯矩主要由墙肢轴力负担，剪力墙的墙肢中已出现局部弯矩，但局部弯矩值一般不超过整体弯矩的 15%，弯矩图有突变，但基本上无反弯点。截面正应力稍偏离直线分布，如图 3.3（b）所示，变形曲线仍以弯曲型为主。

3. 双肢或多肢剪力墙

开洞较大、洞口成列布置的墙为双肢或多肢剪力墙，如图 3.4（a）所示。

受力特点：由于墙面洞口较大，剪力墙截面的整体性大为削弱，连梁对墙肢有一定的约束作用，墙肢弯矩有突变，并且有反弯点存在（仅在一些楼层），墙肢局部弯矩较大，整个截面的正应力已不成直线分布，如图 3.4（b）所示。

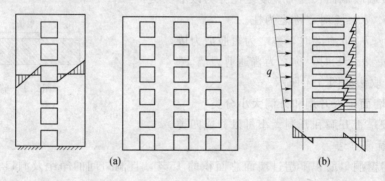

图 3.4　双肢及多肢剪力墙

4. 壁式框架

洞口尺寸大而宽、连梁线刚度大于或接近墙肢线刚度的墙为壁式框架，如图 3.5（a）所示。

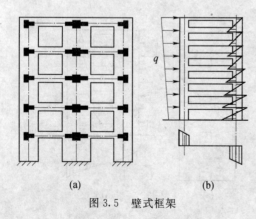

图 3.5　壁式框架

受力特点：弯矩图在楼层处有突变，而且在大多数楼层中都出现反弯点。整个剪力墙的变形以剪切型为主，与框架的受力相似，如图 3.5（b）所示。

剪力墙最好不要设计成壁式框架这种类型，因为壁式框架计算比较麻烦。

3.1.2　剪力墙类型判别方法

整体小开口墙、连肢墙和壁式框架的分类界限可根据整体性系数 α、墙肢惯性矩的比值 I_n / I 以及楼层层数确定。

整体性系数 α 可按下列公式计算。

对于双肢墙（见图 3.6）：

$$\alpha = H \sqrt{\frac{12 I_b \, a^2 \, I}{h(I_1 + I_2) l_b^3 I_n}} \tag{3-1}$$

对于多肢墙：

$$\alpha = H \sqrt{\frac{12 \sum\limits_{j=1}^{m} \dfrac{I_{bj} a_j^2}{l_{bj}^3}}{\tau h \sum\limits_{j=1}^{m+1} I_j}} \qquad (3-2)$$

$$I_n = I - \sum_{j=1}^{m+1} I_j$$

$$I_{bj} = \frac{I_{bj0}}{1 + \dfrac{30 \mu I_{bj0}}{A_{bj} l_{bj}^2}}$$

式中　τ——考虑墙肢轴向变形的影响系数，3～4 肢时取 0.8，

　　　　　5～7 肢时取 0.85，8 肢以上取 0.9；

　　　I——剪力墙对组合截面形心的惯性矩；

　　　I_n——扣除墙肢惯性矩后剪力墙的惯性矩；

　　　I_{bj}——第 j 列连梁的折算惯性矩；

I_1、I_2——分别为墙肢 1、2 的截面惯性矩；

　　　m——洞口列数；

l_b、l_{bj}——分别为双肢墙连梁计算跨度和多肢墙第 j 列连梁计

　　　　　算跨度，取洞口宽度加上梁高的一半；

h、H——分别为层高和剪力墙总高度；

　　　a——双肢墙洞口两侧墙肢轴线距离；

　　　a_j——第 j 列洞口两侧墙肢轴线距离；

　　　I_j——第 j 列墙肢的截面惯性矩；

　　　I_{bj0}——第 j 列连梁截面惯性矩（刚度不折减）；

　　　μ——剪应力分布不均匀系数，矩形截面取 $\mu = 1.2$，I 形截面取 μ 等于墙全截面面

　　　　　积除以腹板毛截面面积，T 形截面按表 3.1 取值；

　　　A_{bj}——第 j 列连梁的截面面积。

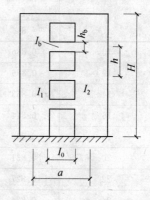

图 3.6　双肢墙示意

表 3.1　T 形截面剪力不均匀系数 μ

$\dfrac{h_w}{t}$	$\dfrac{b_f}{t}$					
	2	4	6	8	10	12
2	1.383	1.496	1.521	1.511	1.483	1.445
4	1.441	1.876	2.287	2.682	3.061	3.424
6	1.362	1.097	2.033	2.367	2.698	3.026
8	1.313	1.572	1.838	2.106	2.374	2.641
10	1.283	1.489	1.707	1.927	2.148	2.370
12	1.264	1.432	1.614	1.800	1.988	2.178
15	1.245	1.374	1.519	1.669	1.820	1.973
20	1.228	1.371	1.422	1.534	1.648	1.763
30	1.214	1.264	1.328	1.399	1.473	1.549
40	1.208	1.240	1.284	1.334	1.387	1.442

注　b_f 为翼缘有效宽度；h_w 为截面高度；t 为腹板厚度。

当 $\alpha \geqslant 10$ 且 $\dfrac{I}{I_n} \leqslant \zeta$ 时，为整体小开口墙。

当 $\alpha \geqslant 10$ 且 $\dfrac{I}{I_n} > \zeta$ 时，为壁式框架。

当 $\alpha < 10$ 且 $\dfrac{I}{I_n} \leqslant \zeta$ 时，为联肢墙。

系数 ζ 由 α 与层数按表 3.2 取用。

表 3.2　　　　　　　　　　　　　　系数 ζ 的取值

α	楼　层					
	8	10	12	16	30	$\geqslant 30$
10	0.886	0.948	0.975	1.000	1.000	1.000
12	0.886	0.924	0.950	0.994	1.000	1.000
14	0.853	0.908	0.934	0.978	1.000	1.000
16	0.844	0.896	0.923	0.964	0.988	1.000
18	0.836	0.888	0.914	0.952	0.978	1.000
20	0.831	0.880	0.906	0.945	0.970	1.000
22	0.827	0.875	0.901	0.940	0.965	1.000
24	0.824	0.871	0.897	0.936	0.960	0.989
26	0.822	0.867	0.894	0.932	0.955	0.986
28	0.820	0.864	0.890	0.929	0.952	0.982
$\geqslant 30$	0.818	0.861	0.887	0.926	0.950	0.979

标准层剪力墙结构平面图的布置如图 3.7 所示，Y 方向（结构短边方向）各片剪力墙的平面尺寸如图 3.8 所示。其中 YSW-3、YSW-6、YSW-8 为整体墙，YSW-1、YSW-2、YSW-4、YSW-5、YSW-7 的截面特性如表 3.3 所示。

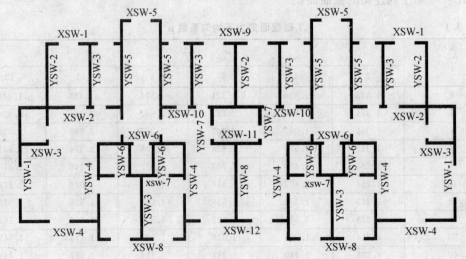

图 3.7　标准层剪力墙结构平面图布置

本例外墙门窗洞口的高度均为 2300mm（其中窗户洞口高度 1500mm，窗台高度 800mm，由空心砖砌筑而成），则外墙门窗洞口的连梁高度均为 500mm（YSW‐1 和 YSW‐2 为外墙，其余均为内墙）；内墙门窗洞口高度为 2100mm，则内墙门洞口处的连梁高度均为 700mm。

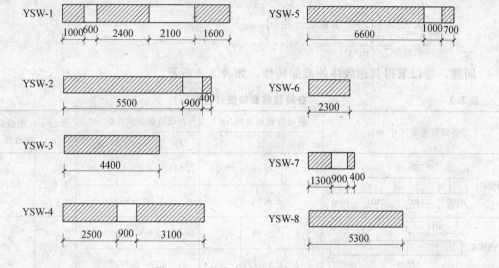

图 3.8　Y 方向各片剪力墙的尺寸

1. 各墙肢截面特性计算

YSW‐1 截面特性计算：

各墙肢截面面积为

$$A_1 = 0.2 \times 1 = 0.2(\text{m}^2), A_2 = 0.2 \times 2.4 = 0.48(\text{m}^2), A_3 = 0.2 \times 1.6 = 0.32(\text{m}^2)$$

其总面积为

$$\sum_{i=1}^{3} A_i = 1.0 \ (\text{m}^2)$$

各墙肢截面惯性矩为

$$I_1 = \frac{0.2 \times 1^3}{12} = 0.0167(\text{m}^4), I_2 = \frac{0.2 \times 2.4^3}{12} = 0.2304(\text{m}^4), I_3 = \frac{0.2 \times 1.6^3}{12} = 0.0683(\text{m}^4)$$

各惯性矩总和为

$$\sum_{j=1}^{3} I_j = 0.3154 \ (\text{m}^4)$$

截面形心坐标为

$$y = \frac{A_1 x_1 + A_2 x_2 + A_3 x_3}{A_1 + A_2 + A_3}$$

$$= \frac{0.2 \times \frac{1}{2} + 0.48 \times \left(1 + 0.6 + \frac{2.4}{2}\right) + 0.32 \times \left(1 + 0.6 + 2.4 + 2.1 + \frac{1.6}{2}\right)}{1.0}$$

$$= 3.652(\text{m})$$

组合截面惯性矩为

$$I = (I_1 + a_1^2 A_1) + (I_2 + a_2^2 A_2) + (I_3 + a_3^2 A_3)$$

$$= \sum_{j=1}^{3} I_j + a_1^2 A_1 + a_2^2 A_2 + a_3^2 A_3$$

$$= 0.3154 + 0.2 \times \left(3.652 - \frac{1}{2}\right)^2 + 0.48 \times \left(3.652 - 1 - 0.6 - \frac{2.4}{2}\right)^2 +$$

$$0.32 \times \left(7.7 - 3.652 - \frac{1.6}{2}\right)^2$$

$$= 6.0267 \ (\text{m}^4)$$

同理，可以求得其他墙体的截面特性，如表3.3所示。

表3.3　　　　　　　　　　　各墙肢截面特性（有洞口）

各墙肢平面尺寸/mm	各墙肢截面面积/m²			各墙肢截面惯性矩/m⁴			形心 y /m	组合截面惯性矩 I/m⁴
	A_1	A_2	A_3	I_1	I_2	I_3		
YSW-1　3652　1000 600 2400 2100 1600	0.2	0.48	0.32	0.0167	0.2304	0.0683	3.652	6.0267
	$\sum A = 1.0$			$\sum I = 0.3154$				
YSW-2　3011　5500 900 400	1.1	0.08		2.7729	0.0011		3.011	3.8794
	$\sum A = 1.18$			$\sum I = 2.7740$				
YSW-4　3298　2500 900 3100	0.5	0.62		0.2605	0.4965		3.298	4.5462
	$\sum A = 1.12$			$\sum I = 0.7570$				
YSW-5　3746　6600 1000 700	1.32	0.14		4.7916	0.0057		3.746	7.5342
	$\sum A = 1.46$			$\sum I = 4.7973$				
YSW-7　1062　1300 900 400	0.26	0.08		0.0366	0.0011		1.062	0.2251
	$\sum A = 0.34$			$\sum I = 0.0377$				

2. 各片剪力墙的连梁折算惯性矩计算

Y 方向墙中，除了 YSW-1、YSW-2 为外墙外，其余均为内墙。故有 YSW-1、YSW-2 洞口连梁高度为 $h_b = 0.5\text{m}$，其余各墙洞口连梁高度为 $h_b = 0.7\text{m}$。截面剪应力不均匀系数 $\mu = 1.2$。

YSW-1 的连梁折算惯性矩的计算过程如下。

洞口1：洞口的宽度为 $l_{bj0} = 0.6\text{m}$，连梁的高度为 $h_b = 0.5\text{m}$，则计算跨度为

$$l_{bj} = l_{bj0} + \frac{h_b}{2} = 0.6 + \frac{0.5}{2} = 0.85 \ (\text{m})$$

连梁的截面面积为

$$A_{bj} = bh_b = 0.2 \times 0.5 = 0.1 \ (\text{m}^2)$$

连梁的截面惯性矩为

$$I_{bj0}=\frac{bh_{b}^{3}}{12}=\frac{0.5^{3}\times0.2}{12}=0.002083\text{（m}^{4}\text{）}$$

洞口两侧墙轴线的间距为

$$a_{j}=0.5+0.6+1.2=2.3\text{(m)}$$

折算惯性矩为

$$I_{bj}=\frac{I_{bj0}}{1+\dfrac{30\mu I_{bj0}}{A_{bj}l_{bj}^{2}}}=\frac{0.002083}{1+\dfrac{30\times1.2\times0.002083}{0.1\times0.85^{2}}}=0.001022\text{(m}^{4}\text{)}$$

$$\frac{I_{bj}a_{j}^{2}}{l_{bj}^{3}}=\frac{0.001022\times2.3^{2}}{0.85^{3}}=0.008803$$

洞口 2：洞口的宽度 $l_{bj0}=2.1\text{m}$，则计算跨度为

$$l_{bj}=l_{bj0}+\frac{h_{b}}{2}=2.1+\frac{0.5}{2}=2.35\text{(m)}$$

连梁的截面面积为

$$A_{bj}=bh_{b}=0.2\times0.5=0.1\text{(m}^{2}\text{)}$$

连梁的截面惯性矩为

$$I_{bj0}=\frac{bh_{b}^{3}}{12}=\frac{0.5^{3}\times0.2}{12}=0.002083\text{(m}^{4}\text{)}$$

洞口两侧墙轴线的间距为

$$a_{j}=1.2+2.1+0.8=4.1\text{(m)}$$

折算惯性矩为

$$I_{bj}=\frac{I_{bj0}}{1+\dfrac{30\mu I_{bj0}}{A_{bj}l_{bj}^{2}}}=\frac{0.002083}{1+\dfrac{30\times1.2\times0.002083}{0.1\times2.35^{2}}}=0.001834\text{（m}^{4}\text{）}$$

$$\frac{I_{bj}a_{j}^{2}}{l_{bj}^{3}}=\frac{0.001834\times4.1^{2}}{2.35^{3}}=0.002376$$

$$\sum\frac{I_{bj}a_{j}^{2}}{l_{bj}^{3}}=0.008803+0.002376=0.011179$$

同理，可以得到其他墙体的连梁折算惯性矩，如表 3.4 所示。

表 3.4　　　　　　　　　　　　墙体的连梁折算惯性

墙号	洞口	l_{bj0}/m	h_b/m	l_{bj}/m	A_{bj}/m^2	μ	I_{bj0}/m^4	I_{bj}/m^4	a_j/m	$I_{bj}a_j^2/l_{bj}^3$	$\sum I_{bj}a_j^2/l_{bj}^3$
YSW - 1	1	0.6	0.5	0.85	0.10	1.2	0.002083	0.001022	2.30	0.008803	0.011179
	2	2.1	0.5	2.35	0.10	1.2	0.002083	0.001834	4.10	0.002376	
YSW - 2	1	0.9	0.5	1.15	0.10	1.2	0.002083	0.001329	3.85	0.012950	0.012950
YSW - 4	1	0.9	0.7	1.25	0.14	1.2	0.005717	0.002946	3.70	0.020650	0.020650
YSW - 5	1	1.0	0.7	1.35	0.14	1.2	0.005717	0.003165	4.65	0.027810	0.027810
YSW - 7	1	0.9	0.7	1.25	0.14	1.2	0.005717	0.002946	1.75	0.004619	0.004619

由式（3-1）和式（3-2）可以求得各片剪力墙的整体工作系数 α（见表 3.5），然后根据 α 及墙肢惯性矩比 I_n/I 和 ζ 的关系，进行剪力墙类型的判别。

表 3.5　　　　　　　　　　　　各剪力墙的类型判别

墙号	$\sum I_j / \mathrm{m}^4$	I / m^4	$I_\mathrm{n} = I - \sum I_j$ /m^4	$\sum\limits_{j=1}^{k} \dfrac{I_{bj} a_j^2}{l_{bj}^3}$	τ	α	$\dfrac{I_\mathrm{n}}{I}$	类型
YSW-1	0.3154	6.0267	5.7113	0.011179	0.8	14.6>10	0.948>ζ=0.930	壁式框架
YSW-2	2.7740	3.8794	1.1054	0.01295	0.8	8.9<10	0.285<ζ=0.975	双肢墙
YSW-4	0.7570	4.5462	3.7892	0.02065	0.8	12.6>10	0.833<ζ=0.945	整体小开口墙
YSW-5	4.7973	7.5342	2.7369	0.02781	0.8	8.8<10	0.363<ζ=0.975	双肢墙
YSW-7	0.0377	0.2251	0.1874	0.004619	0.8	26.7>10	0.833<ζ=0.893	整体小开口墙

现以 YSW-1 墙为例，介绍类型判别的方法。

由前面计算可知

$$I = 6.0267\,\mathrm{m}^4 , \quad \sum_{j=1}^{k} \frac{I_{bj} a_j^2}{l_{bj}^3} = 0.011179$$

则

$$\sum I_j = 0.3154\,\mathrm{m}^4 , \quad I_\mathrm{n} = I - \sum I_j = 6.0267 - 0.3154 = 5.7113\ (\mathrm{m}^4)$$

$$\alpha = H \sqrt{\frac{12}{\tau h \sum\limits_{j=1}^{m+1} I_j} \sum_{j=1}^{m} \frac{I_{bj} a_j^2}{l_{bj}^3}} = 33.6 \times \sqrt{\frac{12}{0.8 \times 2.8 \times 0.3154} \times 0.0011179} = 14.6 > 10$$

根据 α 和层数查表 3.2，用线性插值法，得

$$\zeta = 0.934 + \frac{0.923 - 0.934}{16 - 14} \times (14.6 - 14) = 0.930$$

$$\frac{I_\mathrm{n}}{I} = \frac{5.7113}{6.0267} = 0.948 > \zeta = 0.930$$

根据剪力墙的类型判别方法，当 $\alpha \geqslant 10$ 且 $I_\mathrm{n}/I > \zeta$ 时，为壁式框架，故 YSW-1 为壁式框架。

其他剪力墙类型的判别结果如表 3.5 所示。

3.2　剪力墙的刚度计算

为了便于计算，引入等效刚度 EI_eq 的概念。剪力墙的等效刚度就是将墙的弯曲、剪切和轴向变形之后的顶点位移，按顶点位移相等的原则，折算成一个只考虑弯曲变形的等效竖向悬臂杆的刚度。以下主要介绍各类型剪力墙的等效刚度计算公式。

3.2.1　整体墙和整体小开口墙的等效刚度计算

整体墙和整体小开口墙的等效刚度可按下式进行计算：

$$EI_\mathrm{eq} = \frac{EI_\mathrm{w}}{\left(1 + \dfrac{9\mu I_\mathrm{w}}{A_\mathrm{w} H^2}\right)} \tag{3-3}$$

其中

$$A_\mathrm{w} = \left(1 - 1.25 \sqrt{\frac{A_\mathrm{h}}{A_\mathrm{o}}}\right) A \tag{3-4}$$

式中　E——混凝土的弹性模量；

A_w、I_w——分别为无洞口剪力墙的截面面积和截面惯性矩,对有洞口整体墙,由于洞口的削弱影响,分别取其折减截面面积和惯性矩;

μ——剪应力分布不均匀系数,矩形截面时 $\mu=1.2$;I 形截面取 μ 等于墙全截面面积除以腹板毛截面面积;T 形截面时按表 3.1 进行取值;

A——墙截面毛面积,对矩形截面取 $A=Bt$,其中 B、t 分别为墙截面的宽度、厚度;

A_h、A_o——分别为剪力墙洞口总立面面积和剪力墙总立面面积。

本例中整体墙 YSW-3、YSW-6、YSW-8 的等效刚度计算如表 3.6 所示。

表 3.6　　　　　　　　　　**YSW-3、YSW-6、YSW-8 的等效刚度计算**

墙体	H/m	$b\times h/m\times m$	A_w/m^2	I_w/m^4	μ	E_c /$(\times 10^7 kN/m^2)$	$E_c I_{eq}$ /$(\times 10^7 kN \cdot m^2)$
YSW-3	33.6	0.2×4.4	0.88	1.4197	1.2	2.8	3.89704
YSW-6	33.6	0.2×2.3	0.46	0.2028	1.2	2.8	0.56504
YSW-8	33.6	0.2×5.3	1.06	2.4813	1.2	2.8	6.7956

注　$E_c I_{eq} = \dfrac{E_c I_w}{1+\dfrac{9\mu I_w}{AH^2}}$。

整体小开口墙的等效刚度计算如表 3.7 所示。

表 3.7　　　　　　　　　　**整体小开口墙的等效刚度计算**

墙体	H/m	A/m^2	I/m^4	μ	E_c /$(\times 10^7 kN/m^2)$	$E_c I_{eq}$ /$(\times 10^7 kN \cdot m^2)$
YSW-4	33.6	1.12	4.5462	1.2	2.8	9.8
YSW-7	33.6	0.34	0.2251	1.2	2.8	0.5

3.2.2 双肢剪力墙的等效刚度计算

双肢剪力墙在三种典型荷载作用下的等效刚度可按下列公式计算。

均布荷载作用:

$$EI_{eq} = \frac{E\sum I_j}{1+\tau(\varphi_a-1)+4\gamma^2} \tag{3-5}$$

倒三角形分布荷载作用:

$$EI_{eq} = \frac{E\sum I_j}{1+\tau(\varphi_a-1)+3.64\gamma^2} \tag{3-6}$$

顶点集中荷载作用:

$$EI_{eq} = \frac{E\sum I_j}{1+\tau(\varphi_a-1)+3\gamma^2} \tag{3-7}$$

式中　I_j——第 j 列墙肢的截面惯性矩;

E——混凝土的弹性模量;

τ——考虑墙肢轴向变形的影响系数，3～4 肢取 0.8，5～7 肢取 0.85，8 肢以上取 0.9；

γ——剪切参数，反映墙肢剪切变形影响，当忽略剪切变形的影响时，$\gamma=0$；

φ_a——与 a 有关的函数。

在三种典型荷载作用下，φ_a 可分别按式（3-8）～式（3-10）计算。

均布荷载作用：

$$\varphi_a = \frac{8}{\alpha^2}\left(\frac{1}{2} + \frac{1}{\alpha^2} - \frac{1}{\alpha^2 \mathrm{ch}\alpha} - \frac{\mathrm{sh}\alpha}{\alpha \mathrm{ch}\alpha}\right) \qquad (3-8)$$

倒三角形分布荷载作用：

$$\varphi_a = \frac{60}{11\alpha^2}\left(\frac{2}{3} + \frac{2\mathrm{sh}\alpha}{\alpha^2 \mathrm{ch}\alpha} - \frac{2}{\alpha^2 \mathrm{ch}\alpha} - \frac{\mathrm{sh}\alpha}{\alpha \mathrm{ch}\alpha}\right) \qquad (3-9)$$

顶点集中荷载作用：

$$\varphi_a = \frac{3}{\alpha^2}\left(1 - \frac{\mathrm{sh}\alpha}{\alpha \mathrm{ch}\alpha}\right) \qquad (3-10)$$

除了按上述公式计算外，还可根据 α 值查表对 φ_a 取值，如表 3.8 所示。

表 3.8　　　　　　　　　　　　　　　　　φ_a 值

α	均布荷载	倒三角形荷载	顶点集中荷载	α	均布荷载	倒三角形荷载	顶点集中荷载
1.000	0.722	0.720	0.715	11.000	0.027	0.026	0.022
1.500	0.540	0.537	0.528	11.500	0.025	0.023	0.020
2.000	0.403	0.399	0.388	12.000	0.023	0.022	0.019
2.500	0.306	0.302	0.290	12.500	0.021	0.020	0.017
3.000	0.238	0.234	0.222	13.000	0.020	0.019	0.016
3.500	0.190	0.186	0.175	13.500	0.018	0.017	0.015
4.000	0.155	0.151	0.140	14.000	0.017	0.016	0.014
4.500	0.128	0.125	0.115	14.500	0.016	0.015	0.013
5.000	0.108	0.105	0.096	15.000	0.015	0.014	0.012
5.500	0.092	0.089	0.081	15.500	0.014	0.013	0.011
6.000	0.080	0.077	0.069	16.000	0.013	0.012	0.010
6.500	0.070	0.067	0.060	16.500	0.012	0.012	0.010
7.000	0.061	0.058	0.052	17.000	0.012	0.011	0.009
7.500	0.054	0.052	0.046	17.500	0.011	0.010	0.009
8.000	0.048	0.046	0.041	18.000	0.011	0.010	0.008
8.500	0.043	0.041	0.036	18.500	0.010	0.009	0.008
9.000	0.039	0.037	0.032	19.000	0.009	0.009	0.007
9.500	0.035	0.034	0.029	19.500	0.009	0.008	0.007
10.000	0.032	0.031	0.027	20.000	0.009	0.008	0.007
10.500	0.030	0.028	0.024	20.500	0.008	0.008	0.006

　　由于水平地震作用近似于倒三角形分布，故可由式（3-6）中倒三角形分布荷载的算式计算联肢墙的等效刚度。本例双肢墙等效刚度计算结果如表 3.9 所示。该表中，$\sum D_j$

为各列连梁的刚度系数之和，α_1^2 为连梁与墙肢的刚度比，τ 为墙肢轴向变形影响系数，γ^2 为计算的墙肢剪切变形影响系数，系数 φ_a 由式（3-8）～式（3-10）确定，其中

$$\alpha_1^2 = \frac{6H^2 \sum\limits_{j=1}^{m} D_j}{h \sum\limits_{j=1}^{m+1} I_j}; \quad D_j = \frac{2 I_{bj} a_j^2}{l_{bj}^3}; \quad \tau = \frac{\alpha_1^2}{\alpha^2}; \quad \gamma^2 = \frac{2.5 \mu \sum\limits_{j=1}^{m+1} I_j}{H^2 \sum\limits_{j=1}^{m+1} A_j}$$

表 3.9 双 肢 墙 的 等 效 刚 度

墙号	$\sum D_j$	$\sum I_j / m^4$	α_1^2	α^2	τ	φ_a	$\sum A_j / m^2$	γ^2	$E_c I_{eq}$ /（×10^7 kN·m²）
YSW-2	0.02590	2.7740	22.587	79.21	0.285	0.03837	1.18	0.006247	10.3746
YSW-5	0.05562	4.7973	28.048	77.264	0.363	0.03924	1.46	0.008731	19.6661

3.2.3 壁式框架的等效刚度计算

1. 壁式框架的计算简图

壁式框架梁柱轴线由剪力墙连梁和墙肢的形心轴线确定。

壁梁和壁柱的刚域长度（见图 3.9）计算按式（3-11）确定：

$$\left.\begin{aligned} l_{b1} &= a_1 - 0.25 h_b \\ l_{b2} &= a_2 - 0.25 h_b \\ l_{c1} &= c_1 - 0.25 h_c \\ l_{c2} &= c_2 - 0.25 h_c \end{aligned}\right\} \quad (3-11)$$

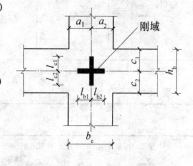

图 3.9 刚域

当计算的刚域长度小于零时，可不考虑刚域的影响。

2. YSW-1 刚域长度计算

图 3.10 和图 3.11 分别为 YSW-1 的计算简图和刚域长度。

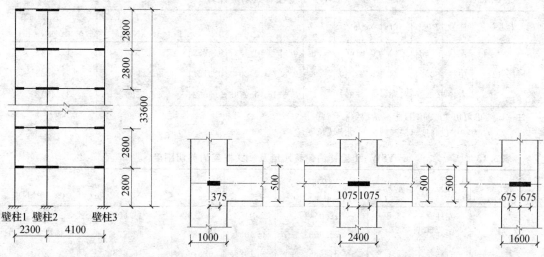

图 3.10 YSW-1 计算简图   图 3.11 YSW-1 的刚域长度

C25 混凝土的弹性模量为 $E_c = 2.8 \times 10^7 \text{kN/m}^2$。由表 3.10 可求得柱的侧移刚度修正系数，再由公式 $D = \alpha_c K_c \dfrac{12}{h^2}$ 计算柱的侧移刚度。

在表 3.11、表 3.12、表 3.13 分别计算壁梁、壁柱的等效刚度和壁柱的侧移刚度，从而按公式 $C_f = Dh = h \sum D_{ij}$ 计算壁式框架的剪切刚度。

表 3.10 柱侧移刚度修正系数 α

楼层	简图	K	α
一般柱		$K = \dfrac{i_1 + i_2 + i_3 + i_4}{2i_c}$	$\alpha = \dfrac{K}{2+K}$
底层柱		$K = \dfrac{i_1 + i_2}{i_c}$	$\alpha = \dfrac{0.5 + K}{2 + K}$

注 边柱情况下，式中的 i_1、i_2 取零。

表 3.11 YSW-1 壁梁等效刚度计算

楼层	梁号	b_b	h_b	I_0	l_0	l	$\dfrac{h_b}{l_0}$	β	η_v	$E_c I$ /(×10⁴ kN·m²)	K_b /(×10⁴ kN·m)
1~12	左梁	0.2	0.5	0.002083	0.85	2.3	0.588	1.038	0.491	56.701	24.655
	右梁	0.2	0.5	0.002083	2.35	4.1	0.213	0.136	0.880	27.275	6.652

注 考虑剪切变形的刚度折减系数：$\eta_v = 1/(1+\beta)$。

表 3.12 YSW-1 壁柱等效刚度计算

楼层	柱号	b_b	h_c	I_0	h_0	$\dfrac{h_c}{h_0}$	β	η_v	$E_c I$ /(×10⁴ kN·m²)	K_c /(×10⁴ kN·m)
1~12	左柱	0.2	1	0.01667	2.8	0.3571	0.3827	0.7232	33.7515	12.0541
	中柱	0.2	2.4	0.23040	2.8	0.8571	2.2041	0.3121	201.3431	71.9083
	右柱	0.2	1.6	0.06827	2.8	0.5714	0.9796	0.5052	96.5586	34.4852

注 1. 考虑剪切变形的刚度折减系数：$\eta_v = 1/(1+\beta)$。
   2. h_0 为柱中段高度（层高减去两端刚域长度）。

表 3.13 YSW-1 壁柱的侧移刚度及壁式框架的剪切刚度

楼层	柱号	h/m	K_c /(×10⁴ kN·m)	$\overline{K}$	α_c	D /(×10⁴ kN·m)	C_f /(×10⁴ kN)
1	左柱	2.8	12.0541	2.0453	0.6292	11.6089	
	中柱	2.8	71.9083	0.4354	0.3841	42.2731	197.5687
	右柱	2.8	34.4852	0.1929	0.3160	16.6783	

续表

楼层	柱号	h/m	K_c /($\times 10^4$ kN·m)	$\overline{K}$	α_c	D /($\times 10^4$ kN·m)	C_f /($\times 10^4$ kN)
2~12	左柱	2.8	12.0541	2.0453	0.5056	9.3285	94.2141
	中柱	2.8	71.9083	0.4354	0.1788	19.6762	
	右柱	2.8	34.4852	0.1929	0.08797	4.6432	

注　1. $\overline{K}$ 为梁柱线刚度比。

　　2. α_c 为侧移刚度修正系数，$\alpha_c = \dfrac{0.5 + \overline{K}}{2 + \overline{K}}$。

　　3. 侧移刚度 $D = \dfrac{12\alpha_c K_c}{h^2}$。

3.2.4　总剪力墙刚度特征值计算

剪力墙结构的内力计算分为两步进行：第一步要将各片剪力墙合成一片总剪力墙，将水平荷载和地震作用分配给总剪力墙；第二步是将总剪力墙上的水平荷载和地震作用按刚度比分配给每一片剪力墙，并对每一片剪力墙在水平荷载和地震作用下的内力进行分析，然后与竖向荷载下的内力进行组合与配筋。总剪力墙的刚度等于每片剪力墙的刚度之和。

本例总剪力墙刚度的计算结果如表 3.14 所示。

表 3.14　　　　　　　　　　总剪力墙的刚度

墙号	墙体类型	数量	单个墙体的刚度 $E_c I_{eq}$ /($\times 10^7$ kN·m²)	同一墙体的刚度 $E_c I_{eq}$ /($\times 10^7$ kN·m²)	$\sum E_c I_{eq}$ /($\times 10^7$ kN·m²)
YSW-4	整体小开口墙	4	9.8	39.2	175.95
YSW-7		2	0.5	1.0	
YSW-2	双肢墙	2	10.3746	20.7492	
YSW-5		4	19.6661	78.6642	
YSW-3	整体墙	7	3.8970	27.2793	
YSW-6		4	0.5650	2.2602	
YSW-8		1	6.7956	6.7956	

总壁式框架各层剪力墙刚度计算按如式（3-12）计算：

$$C_f = \frac{C_{f1}h_1 + C_{f2}h_2 + \cdots + C_{fn}h_n}{h_1 + h_2 + \cdots + h_n} \tag{3-12}$$

每层结构均有两片墙体 YSW-1，故总壁式框架的剪切刚度根据式（3-12）计算有

$$C_f = \frac{(197.5687 \times 2 \times 2.8 \times 1 + 94.2141 \times 2 \times 2.8 \times 11) \times 10^4}{2.8 \times 1 + 2.8 \times 11} = 205.6540 \times 10^4 (\text{kN})$$

故结构刚度特征值为

$$\lambda = H\sqrt{\frac{C_f}{\sum E_c I_{eq}}} = 33.6 \times \sqrt{\frac{205.6540 \times 10^4}{175.95 \times 10^7}} = 1.148$$

第4章 竖向荷载计算

4.1 楼面活荷载

高层建筑以民用建筑为主。对于民用建筑楼面均布活荷载标准值，可根据我国《建筑结构荷载规范》（GB 50009—2012）选取，民用建筑楼面均布活荷载的标准值及其组合值、频遇值和准永久值系数，应按表4.1的规定采用。

由于高层建筑中活荷载占的比例很小，特别是在大量的住宅、旅馆和办公楼中，活荷载一般为 $2.0\sim2.5kN/m^2$，只占全部竖向荷载的 $15\%\sim20\%$；而且，高层建筑结构是复杂的空间体系，层数、跨数很多，计算工作量极大。为简化起见，计算高层建筑竖向荷载作用下产生的内力时，一般可以不考虑活荷载的不利布置，按满布活荷载计算。

高层建筑结构内力计算中，如果活荷载较大，其不利分布对梁中弯矩的影响会比较明显，计算时应予以考虑。当楼面活荷载大于 $4kN/m^2$ 时，楼面活荷载的不利布置将引起梁弯矩的增大，应予考虑；而对柱、剪力墙的影响相对不明显。由于高层建筑结构层数很多，每层的房间也很多，活荷载在各层间的分布情况极不相同，难以一一计算。所以，一般考虑楼面活荷载不利布置时，也仅考虑活荷载在同一楼层内的不利布置，而不考虑不同层之间的相互影响。当施工中采用爬塔、附墙塔等对结构有影响的施工机械时，要验算这些施工机械产生的施工荷载。

表 4.1　　民用建筑楼面均布活荷载标准值及其组合值、频遇值和准永久值系数

项次	类别	标准值 /(kN/m²)	组合值系数 ψ_c	频遇值系数 ψ_f	准永久值系数 ψ_q
1	（1）住宅、宿舍、旅馆、办公楼、医院病房、托儿所、幼儿园	2.0	0.7	0.5	0.4
	（2）试验室、阅览室、会议室、医院门诊室	2.0	0.7	0.6	0.5
2	教室、食堂、餐厅、一般资料档案室	2.5	0.7	0.6	0.5
3	（1）礼堂、剧场、影院、有固定座位的看台	3.0	0.7	0.5	0.3
	（2）公共洗衣房	3.0	0.7	0.5	0.5
4	（1）商店、展览厅、车站、港口、机场大厅及其旅客等候室	3.5	0.7	0.6	0.5
	（2）无固定座位的看台	3.5	0.7	0.5	0.3
5	（1）健身房、演出舞台	4.0	0.7	0.6	0.5
	（2）运动场、舞厅	4.0	0.7	0.6	0.3
6	（1）书库、档案库、贮藏室	5.0	0.9	0.9	0.8
	（2）密集柜书库	12.0	0.9	0.9	0.8

续表

项次	类别			标准值/(kN/m²)	组合值系数 ψ_c	频遇值系数 ψ_f	准永久值系数 ψ_q
7	通风机房、电梯机房			7.0	0.9	0.9	0.8
8	汽车通道及客车停车库	(1) 单向板楼盖（板跨不小于 2m）和双向板楼盖（板跨不小于 3m×3m）	客车	4.0	0.7	0.7	0.6
			消防车	35.0	0.7	0.5	0.0
		(2) 双向板楼盖（板跨不小于 6m×6m）和无梁楼盖（柱网不小于 6m×6m）	客车	2.5	0.7	0.7	0.6
			消防车	20.0	0.7	0.5	0.0
9	厨房	(1) 餐厅		4.0	0.7	0.7	0.7
		(2) 其他		2.0	0.7	0.6	0.5
10	浴室、卫生间、盥洗室			2.5	0.7	0.6	0.5
11	走廊、门厅	(1) 宿舍、旅馆、医院病房、托儿所、幼儿园、住宅		2.0	0.7	0.5	0.4
		(2) 办公楼、餐厅、医院门诊部		2.5	0.7	0.6	0.5
		(3) 教学楼及其他可能出现人员密集的情况		3.5	0.7	0.5	0.3
12	楼梯	(1) 多层住宅		2.0	0.7	0.5	0.4
		(2) 其他		3.5	0.7	0.5	0.3
13	阳台	(1) 可能出现人员密集的情况		3.5	0.7	0.6	0.5
		(2) 其他		2.5	0.7	0.6	0.5

注　1. 本表所给各项活荷载适用于一般使用条件，当使用荷载较大、情况特殊或有专门要求时，应按实际情况采用。

　　2. 第 6 项书库活荷载当书架高度大于 2m 时，书库活荷载尚应按每米书架高度不小于 2.5kN/m² 确定。

　　3. 第 8 项中的客车活荷载只适用于停放载人少于 9 人的客车；消防车活荷载是适用于满载总重为 300kN 的大型车辆；当不符合本表的要求时，应将车轮的局部荷载按结构效应的等效原则，换算为等效均布荷载。

　　4. 第 8 项消防车活荷载，当双向板楼盖板跨介于 3m×3m～6m×6m 时，应按跨度线性插值确定。

　　5. 第 12 项楼梯活荷载，对预制楼梯踏步平板，尚应按 1.5kN 集中荷载验算。

　　6. 本表各项荷载不包括隔墙自重和二次装修荷载；对固定隔墙的自重应按永久荷载考虑，当隔墙位置可灵活自由布置时，非固定隔墙的自重可取每延米长墙重（kN/m）的 1/3 作为楼面活荷载的附加值（kN/m²）计入，附加值不小于 1.0kN/m²。

4.2　屋面活荷载

根据我国《建筑结构荷载规范》（GB 50009—2012），屋面活荷载可按下列规定进行取值：

（1）房屋建筑的屋面，其水平投影面上的屋面均布活荷载，应按表 4.2 采用。

（2）屋面直升机停机坪荷载应根据直升机总重按局部荷载考虑，同时其等效均布荷载不低于 5.0kN/m²。局部荷载应按直升机实际最大起飞重量确定，当没有机型技术资料时，一般可依据轻、中、重三种类型的不同要求，按下述规定选用局部荷载标准值及作用面积：

　　1）轻型，最大起飞重量 2t，局部荷载标准值取 20kN，作用面积 0.2m×0.2m。

2）中型，最大起飞重量 4t，局部荷载标准值取 40kN，作用面积 0.25m×0.25m。

3）重型，最大起飞重量 6t，局部荷载标准值取 60kN，作用面积 0.3m×0.3m。

屋面直升机停机坪荷载的组合值系数应取 0.7，频遇值系数应取 0.6，准永久值系数应取 0.0。

表 4.2　　　　　　　　　　　　　　屋面均布活荷载

项次	类别	标准值/(kN/m²)	组合值系数 ψ_c	频遇值系数 ψ_f	准永久值系数 ψ_q
1	不上人的屋面	0.5	0.7	0.5	0.0
2	上人的屋面	2.0	0.7	0.5	0.4
3	屋顶花园	3.0	0.7	0.6	0.5
4	屋顶运动场地	3.0	0.7	0.6	0.4

注　1. 不上人的屋面，当施工或维修荷载较大时，应按实际情况采用；对不同类型的结构应按有关设计规范的规定采用，但不得低于 0.3kN/m²。

　　2. 当上人的屋面兼作其他用途时，应按相应楼面活荷载采用。

　　3. 对于因屋面排水不畅、堵塞等引起的积水荷载，应采取构造措施加以防止；必要时，应按积水的可能深度确定屋面活荷载。

　　4. 屋顶花园活荷载不包括花圃土石等材料自重。

（3）不上人的屋面均布活荷载，可不与雪荷载和风荷载同时组合。

4.3　楼屋面做法及恒荷载标准值、设计值

恒荷载包括结构构件（梁、板、柱、墙、支撑）和非结构构件（抹灰、饰面材料、填充墙、吊顶等）的重量。这些重量的大小不随时间而改变，又称为永久荷载。

恒荷载标准值等于构件的体积乘以材料的自重标准值。常用材料的自重标准值如表 4.3 所示。

表 4.3　　　　　　　　　　　　　常用材料的自重标准值

材料名称	自重标准值	材料名称	自重标准值
钢筋混凝土	25kN/m³	水泥砂浆	20kN/m³
石灰砂浆、混合砂浆	17kN/m³	砂土	17kN/m³
普通玻璃	25.6kN/m³	水磨石地面	0.65kN/m²
普通砖	18kN/m³	陶粒空心砌块	5.0kN/m²
木门	0.2kN/m²	钢铁门	0.45kN/m²

其他材料的自重标准值可从我国《建筑结构荷载规范》（GB 50009—2012）中查得。

本设计楼屋面做法介绍及相关竖向荷载计算如下。

（1）楼面做法和荷载计算。

20 厚水泥砂浆面层：　　　　　　　　0.02×20＝0.40（kN/m²）

120 厚现浇钢筋混凝土板：　　　　　　0.12×25＝3.0（kN/m²）

15 厚混合砂浆顶棚抹灰：　　　　　　0.015×17＝0.255（kN/m²）

地面装修重： $1.8 \mathrm{kN/m^2}$

恒荷载标准值：   **$5.455 \mathrm{kN/m^2}$**

恒荷载设计值： $g=1.2 \times 5.455=6.546 \ (\mathrm{kN/m^2})$

活荷载设计值： $q=1.4 \times 2.0=2.8 \ (\mathrm{kN/m^2})$

（2）屋面做法和荷载计算。

30 厚细石混凝土： $0.03 \times 20=0.6 \ (\mathrm{kN/m^2})$

三毡四油防水层： $0.40 \mathrm{kN/m^2}$

20 厚水泥砂浆找平： $0.02 \times 20=0.40 \ (\mathrm{kN/m^2})$

240 厚膨胀珍珠岩板： $0.24 \times 3=0.72 \ (\mathrm{kN/m^2})$

20 厚水泥砂浆找平： $0.02 \times 20=0.40 \ (\mathrm{kN/m^2})$

120 厚钢筋混凝土板： $0.12 \times 25=3.0 \ (\mathrm{kN/m^2})$

15 厚石灰砂浆底粉： $0.015 \times 17=0.255 \ (\mathrm{kN/m^2})$

恒荷载标准值：   **$5.775 \mathrm{kN/m^2}$**

恒荷载设计值： $g=1.2 \times 5.775=6.93 \ (\mathrm{kN/m^2})$

活荷载设计值（不上人屋面）： $q=1.4 \times 0.5=0.7 \ (\mathrm{kN/m^2})$

（3）外墙做法和荷载计算。

6 厚水泥砂浆罩面： $0.006 \times 20=0.12 \ (\mathrm{kN/m^2})$

12 厚水泥砂浆： $0.012 \times 20=0.24 \ (\mathrm{kN/m^2})$

200 厚钢筋混凝土墙： $0.2 \times 25=5.0 \ (\mathrm{kN/m^2})$

20 厚水泥砂浆找平层： $0.02 \times 20=0.4 \ (\mathrm{kN/m^2})$

40 厚聚苯乙烯泡沫塑料保温层： $0.04 \times 0.5=0.02 \ (\mathrm{kN/m^2})$

标准值：   **$5.78 \mathrm{kN/m^2}$**

（4）内墙做法和荷载计算。

5 厚水泥石灰膏砂浆罩面（两面）： $0.005 \times 14 \times 2=0.14 \ (\mathrm{kN/m^2})$

13 厚水泥石灰膏砂浆打底（两面）： $0.013 \times 14 \times 2=0.364 \ (\mathrm{kN/m^2})$

200 厚钢筋混凝土墙： $0.2 \times 25=5.0 \ (\mathrm{kN/m^2})$

标准值：   **$5.504 \mathrm{kN/m^2}$**

（5）隔墙做法和荷载计算。

150 厚陶粒空心砌块： $0.15 \times 5=0.75 \ (\mathrm{kN/m^2})$

5 厚水泥石灰膏砂浆罩面（两面）： $0.005 \times 14 \times 2=0.14 \ (\mathrm{kN/m^2})$

13 厚水泥石灰膏砂浆打底（两面）： $0.013 \times 14 \times 2=0.364 \ (\mathrm{kN/m^2})$

标准值：   **$1.254 \mathrm{kN/m^2}$**

（6）女儿墙做法和荷载计算。

6 厚水泥砂浆罩面： $0.006 \times 20=0.12 \ (\mathrm{kN/m^2})$

12 厚水泥砂浆打底： $0.012 \times 20=0.24 \ (\mathrm{kN/m^2})$

100 厚钢筋混凝土墙： $0.1 \times 25=2.5 \ (\mathrm{kN/m^2})$

20 厚水泥砂浆找平层： $0.02 \times 20=0.4 \ (\mathrm{kN/m^2})$

标准值：   **$3.26 \mathrm{kN/m^2}$**

（7）女儿墙构造柱。

女儿墙构造柱： $0.2 \times 0.2 \times 25 = 1.0$（$kN/m^2$）

粉刷： $(0.2 - 0.1) \times 0.02 \times 20 = 0.04$（$kN/m^2$）

标准值： **1.04kN/m^2**

（8）门窗重量标准值。

木门，0.2kN/m^2；铝合金门，0.4kN/m^2；塑钢窗，0.45kN/m^2；普通钢板门，0.45kN/m^2；乙级防火门，0.45kN/m^2。

（9）设备重量标准值。

电梯桥箱及设备重取 200kN，水箱及设备重取 400kN。

4.4 板、梁的内力、配筋计算

4.4.1 板的分类、受力特点、计算跨度及内力计算方法

4.4.1.1 板的分类和受力特点

为计算简便，设板的短边与长边两个方向的跨度分别为 l_1 和 l_2。当 $l_1/l_2 \geqslant 3$ 时，板主要沿短边方向弯曲，而沿长边方向弯曲很小，按单向板设计；当 $2 < l_1/l_2 < 3$ 时，宜按双向板设计，若按单向板设计，应沿长边方向布置足够的构造钢筋；当 $l_1/l_2 \leqslant 2$ 时，板在设计中必须考虑双向受弯，荷载沿两个方向传递，应按双向板设计。

单向板常用跨度 1.7～2.5m，双向板其跨度可达 5m 左右。

本设计除了 B_F 板按单向板计算配筋外，其他均按双向板计算配筋。

4.4.1.2 计算跨度

梁、板的计算跨度是指在计算弯矩时所应取用的跨间长度，其值与支座反力分布有关，即与构件本身刚度和支承长度有关。在设计中一般按照下列规定取用。

1. 按弹性理论计算

当按弹性理论计算时，按如下方法计算跨度取支座反力之间的距离。

（1）单跨板和梁。

两端支承在墙体上的板： $l_0 = l_n + a \leqslant l_n + h$ （4-1）

两端与梁整体连接的板： $l_0 = l_n$ （4-2）

单跨梁： $l_0 = l_n + a \leqslant 1.05 l_n$ （4-3）

（2）对多跨连续板和梁。

边跨： $l_0 = l_n + \dfrac{a}{2} + \dfrac{b}{2}$ （4-4）

且 $l_0 \leqslant l_n + \dfrac{h}{2} + \dfrac{b}{2}$（板） （4-4a）

$l_0 \leqslant l_n + 0.025 l_n + \dfrac{b}{2} = 1.025 l_n + \dfrac{b}{2}$（梁） （4-4b）

中间跨： $l_0 = l_n + b = l_c$ （4-5）

且（当板、梁支承在墙体上） $l_0 \leqslant 1.1 l_n$（对板当 $b > 0.1 l_c$ 时） （4-5a）

$$l_0 \leqslant 1.05 l_n（对梁当 b > 0.06 l_c 时）\qquad\text{(4-5b)}$$

上述式中　l_c——支座中心线间距离；

　　　　　l_0、l_n——分别为板、梁的计算跨度、净跨；

　　　　　h——板厚；

　　　　　a——板、梁端支承长度；

　　　　　b——中间支座宽度。

2. 按塑性理论计算

当连续板和梁按塑性理论计算时，计算跨度应由塑性铰位置确定。

边跨：
$$l_0 = l_n + \frac{a}{2} \qquad\text{(4-6)}$$

且
$$l_0 \leqslant l_n + \frac{h}{2}（板）\qquad\text{(4-6a)}$$

$$l_0 \leqslant l_n + 0.025 l_n + \frac{b}{2} = 1.025 l_n + \frac{b}{2}（梁）\qquad\text{(4-6b)}$$

中间跨：
$$l_0 = l_n \qquad\text{(4-7)}$$

4.4.1.3　多区格等跨连续双向板的内力计算

当双向板按弹性理论方法进行计算时，连续双向板内力的精确计算更为复杂，在设计中一般采用实用计算方法，通过对双向板上活荷载的最不利布置以及支承情况等合理的简化，将多区格连续板转化为单区格板进行计算。

1. 各区格板跨中最大弯矩的计算

多区格连续双向板与多跨连续单向板类似，也需要考虑活荷载的最不利布置。亦即，当求某区格板跨中最大弯矩时，应在该区格布置活荷载，通常称为棋盘式布置，如图 4.1（a）所示；此时在活荷载作用的区格内，将产生跨中最大弯矩。

为了能利用单区格双向板的内力计算系数表计算连续双向板，可以采用下列近似方法：把棋盘式布置的荷载分解为各跨满布的对称荷载和各跨向上向下相间作用的反对称荷载［见图 4.1（c）、（d）］。

对称荷载：
$$g' = g + \frac{q}{2} \qquad\text{(4-8)}$$

反对称荷载：
$$q' = \pm \frac{q}{2} \qquad\text{(4-9)}$$

最后将各区格板在上述两种荷载作用下的跨中弯矩相叠加，即得到各区格板的跨中弯矩。

2. 支座最大弯矩的计算

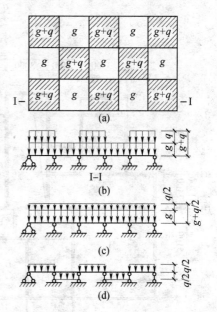

图 4.1　双向板活荷载的最不利布置

为了求支座最大弯矩，亦应考虑活荷载的最不利布置，为简化计算，可近似认为恒荷载和活荷载皆满布在连续双向板所有区格时支座产生最大弯矩。此时，可采用前述在对称荷载作用下的同样原则，即各中间支座均视为固定，各周边支座视为简支，则可利用双向板在均布荷载作用下的计算系数表求得各区格板中各固定边的支座弯矩。但对某些中间支座，由相邻两个区格板求出的支座弯矩常常并不相等，则可近似地取其平均值作为该支座弯矩。

4.4.2　本例设计资料

1. 楼面的做法

标准层：20 厚水泥砂浆面层，120 厚现浇钢筋混凝土板，15 厚混合砂浆顶棚抹灰。

屋面：30 厚细石混凝土，三毡四油防水层，20 厚水泥砂浆找平层，120 厚钢筋混凝土板，15 厚石灰砂浆底粉。

2. 材料

混凝土强度等级：均为 C25；板内纵向及水平钢筋均采用 HRB335 级钢。

4.4.3　标准层板的内力和配筋计算

4.4.3.1　板的内力计算

标准层板的内力按弹性理论进行计算。在求各区格板跨内正弯矩时，按恒荷载满布及活荷载棋盘式布置计算，如图 4.2 所示，取荷载：$g=5.455\times1.2=6.546(\mathrm{kN/m^2})$，$q=2.8\mathrm{kN/m^2}$，则

$$g'=g+\frac{q}{2}=6.546+\frac{2.8}{2}=7.946\ (\mathrm{kN/m^2})$$

$$q'=\frac{q}{2}=\frac{2.8}{2}=1.4\ (\mathrm{kN/m^2})$$

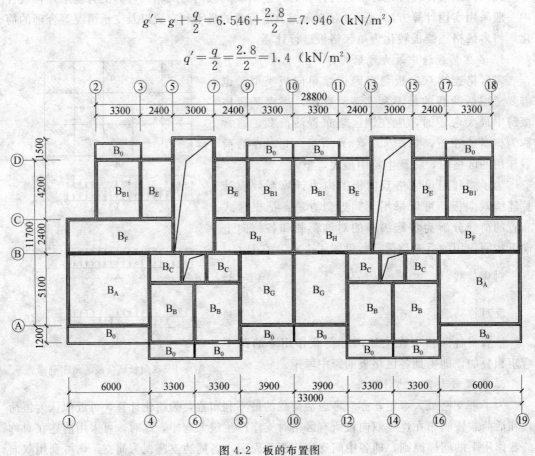

图 4.2　板的布置图

跨中最大弯矩为当内支座固定时在 $g+q/2$ 作用下的跨中弯矩值与内支座铰接时在 $q/2$ 作用下的跨中弯矩值之和。本例计算时，混凝土的泊松比取 0.2；支座最大负弯矩为当内支座固定时 $g+q$ 作用下的支座弯矩。在求各中间支座最大负弯矩时，按恒荷载及活荷载均匀满布各区格板计算，取荷载为

$$p=g+q=6.546+2.8=9.346 \text{ (kN/m}^2)$$

1. 角区格板 B_A 的弯矩计算

计算跨度为

$$l_x=6.0-0.1+\frac{0.12}{2}=5.96 \text{ (m)}$$

$$l_y=5.1-0.1+\frac{0.12}{2}=5.06 \text{ (m)}$$

$$n=\frac{l_y}{l_x}=\frac{5.06}{5.96}=0.85$$

因为角区格板 B_A 约束方式为两边固定两边简支，根据 $n=l_y/l_x=0.85$，查附录 A 中附表 A.1 (g') 和附表 A.2 (q')，可得

$$m_x=(0.0229+0.0328\times0.2)\times7.946\times5.06^2+(0.0348+0.0506\times0.2)\times\frac{2.8}{2}\times5.06^2$$
$$=7.604(\text{kN}\cdot\text{m})$$

$$m_y=(0.0328+0.0229\times0.2)\times7.946\times5.06^2+(0.0506+0.0348\times0.2)\times\frac{2.8}{2}\times5.06^2$$
$$=9.668(\text{kN}\cdot\text{m})$$

对边区格板的简支边，取 $m_x'=0$，$m_y'=0$，则有

$$m_x''=-0.0733\times9.346\times5.06^2=-17.54 \text{ (kN}\cdot\text{m)}$$
$$m_y''=-0.0829\times9.346\times5.06^2=-19.837 \text{ (kN}\cdot\text{m)}$$

2. 区格板 B_B 的弯矩计算

计算跨度为

$$l_x=l_c=3.3\text{m}$$
$$l_y=4.2-0.1+\frac{0.12}{2}=4.16 \text{ (m)}$$

$$n=\frac{l_x}{l_y}=\frac{3.3}{4.16}=0.79$$

因为边区格板 B_B 约束方式为三边固定一边简支，根据 $n=l_x/l_y=0.79$，查附录 A 中附表 A.4 (g') 和附表 A.2 (q') 可得

$$m_x=(0.0318+0.0145\times0.2)\times7.946\times3.3^2+(0.0573+0.0331\times0.2)\times\frac{2.8}{2}\times3.3^2$$
$$=3.977(\text{kN}\cdot\text{m})$$

$$m_y=(0.0145+0.0318\times0.2)\times7.946\times3.3^2+(0.0331+0.0573\times0.2)\times\frac{2.8}{2}\times3.3^2$$
$$=2.484(\text{kN}\cdot\text{m})$$

对于三边连续，一短边简支的连续双向板，此时简支边的支座弯矩等于 0。

$$m_x' = 0$$

$$m_y' = m_y'' = -0.0570 \times 9.346 \times 3.3^2 = -5.801 (\text{kN} \cdot \text{m})$$

$$m_x'' = -0.0728 \times 9.346 \times 3.3^2 = -7.409 (\text{kN} \cdot \text{m})$$

3. 区格板 B_C 的弯矩计算

计算跨度为

$$l_x = l_c = 2.4\text{m}$$

$$l_y = 2.1\text{m}$$

$$n = \frac{l_y}{l_x} = \frac{2.1}{2.4} = 0.875$$

因为边区格板 B_C 约束方式为四边固定，根据 $n = l_y/l_x = 0.875$，查附录 A 中附表 A.3 (g') 和附表 A.2 (q')，可得

$$m_x = (0.0160 + 0.0234 \times 0.2) \times 7.946 \times 2.1^2 + (0.0353 + 0.0481 \times 0.2) \times \frac{2.8}{2} \times 2.1^2$$

$$= 1.002 (\text{kN} \cdot \text{m})$$

$$m_y = (0.0234 + 0.0160 \times 0.2) \times 7.946 \times 2.1^2 + (0.0481 + 0.0353 \times 0.2) \times \frac{2.8}{2} \times 2.1^2$$

$$= 1.273 \ (\text{kN} \cdot \text{m})$$

$$m_x' = m_x'' = -0.0546 \times 9.346 \times 2.1^2 = -2.250 \ (\text{kN} \cdot \text{m})$$

$$m_y' = m_y'' = -0.0607 \times 9.346 \times 2.1^2 = -2.502 \ (\text{kN} \cdot \text{m})$$

4. 边区格板 B_F 的弯矩计算（按单向板布置）

将卫生间的隔墙转化成面荷载均匀分布给区格板 B_F。

150 厚的陶粒空心砌块：

$$\frac{0.15 \times 5.0 \times 2.1 \times 2.4}{7.8 \times 2.4} = 0.202 \ (\text{kN/m}^2)$$

$$g = (5.455 + 0.202) \times 1.2 = 6.788 (\text{kN/m}^2)$$

$$q = 2.8 \text{kN/m}^2$$

则

$$g' = g + \frac{q}{2} = 6.788 + \frac{2.8}{2} = 8.188 (\text{kN/m}^2)$$

$$q' = \frac{q}{2} = \frac{2.8}{2} = 1.4 (\text{kN/m}^2)$$

$$g + q = 6.788 + 2.8 = 9.588 (\text{kN/m}^2)$$

计算跨度为

$$l_x = 7.8 - 0.1 + \frac{0.12}{2} = 7.76 (\text{m})$$

$$l_y = l_c = 2.4 \ (\text{m})$$

$$n = l_y/l_x = 2.4/7.76 = 0.31$$

跨中弯矩为

$$M = \frac{1}{8} (g' + q') l_x^2 = \frac{1}{8} \times (8.188 + 1.4) \times 7.76^2 = 72.17 (\text{kN/m})$$

支座处弯矩为

$$M/4 = 18.04 \text{ (kN/m)}$$

计算配筋：

$$\alpha_s = \frac{M/4}{\alpha_1 f_c b h^2} = \frac{18.04 \times 10^6}{1.0 \times 11.9 \times 1000 \times (120-20)^2} = 0.152$$

$$\xi = 1 - \sqrt{1-2\alpha_s} = 0.166 < \xi_b = 0.55$$

满足要求。

$$\gamma_s = 0.5 \times (1 + \sqrt{1-2\alpha_s}) = 0.917$$

$$A_s = \frac{M/4}{f_y \gamma_s h_0} = \frac{18.04 \times 10^6}{270 \times 0.917 \times 100} = 729(\text{mm}^2)$$

故选用 $\phi 12@150$ 钢筋，钢筋面积 $A_s = 754\text{mm}^2$。

5. 区格板 B_H 的弯矩计算（四边固定）

计算跨度为：

$$l_x = l_c = 5.7\text{m}, \quad l_y = l_c = 2.4\text{m}$$

$$n = \frac{l_y}{l_x} = \frac{2.4}{5.7} = 0.42$$

因为区格板 B_H 约束方式为四边固定，根据 $n = l_y/l_x = 0.42$，查附录 A 中附表 A.3 (g') 和附表 A.2 (q')，可得

$$m_x = (0.0038 + 0.04 \times 0.2) \times 7.946 \times 2.4^2 + (0.0174 + 0.0965 \times 0.2) \times \frac{2.8}{2} \times 2.4^2$$
$$= 0.836(\text{kN} \cdot \text{m})$$

$$m_y = (0.04 + 0.0038 \times 0.2) \times 7.946 \times 2.4^2 + (0.0965 + 0.0174 \times 0.2) \times \frac{2.8}{2} \times 2.4^2$$
$$= 2.672 \text{ (kN} \cdot \text{m)}$$

$$m_x' = m_x'' = -0.0570 \times 9.346 \times 2.4^2 = -3.068 \text{ (kN} \cdot \text{m)}$$
$$m_y' = m_y'' = -0.0829 \times 9.346 \times 2.4^2 = -4.463 \text{ (kN} \cdot \text{m)}$$

6. 区格板 B_E 的弯矩计算

计算跨度为

$$l_x = 2.4\text{m},$$

$$l_y = 4.2 - 0.1 + \frac{0.12}{2} = 4.16 \text{ (m)}$$

$$n = \frac{l_x}{l_y} = \frac{2.4}{4.16} = 0.577$$

因为区格板 B_E 的约束方式为三边固定一边简支，根据 $n = l_x/l_y = 0.577$，查附录 A 中附表 A.4 (g') 和附表 A.2 (q')，可得

$$m_x = (0.0392 + 0.01 \times 0.2) \times 7.946 \times 2.4^2 + (0.0852 + 0.023 \times 0.2) \times \frac{2.8}{2} \times 2.4^2$$
$$= 2.61(\text{kN} \cdot \text{m})$$

$$m_y = (0.01 + 0.0392 \times 0.2) \times 7.946 \times 2.4^2 + (0.023 + 0.0852 \times 0.2) \times \frac{2.8}{2} \times 2.4^2$$
$$= 1.139(\text{kN} \cdot \text{m})$$

对于三边连续，一短边简支的连续双向板，此时简支边的支座弯矩等于 0。

$$m_x'' = 0$$

$$m_y' = m_y'' = -0.0571 \times 9.346 \times 2.4^2 = -3.074 \text{ (kN · m)}$$

$$m_x' = -0.082 \times 9.346 \times 2.4^2 = -4.414 \text{ (kN · m)}$$

7. 角区格板 B_{B1} 的弯矩计算

计算跨度为

$$l_x = 3.3 - 0.1 + \frac{0.12}{2} = 3.26 \text{ (m)}$$

$$l_y = 4.2 - 0.1 + \frac{0.12}{2} = 4.16 \text{ (m)}$$

$$n = \frac{l_x}{l_y} = \frac{3.26}{4.16} = 0.784$$

因为角区格板 B_{B1} 的约束方式为两边固定两边简支，根据 $n = l_x/l_y = 0.784$，查附录 A 中附表 A.1（g'）和附表 A.2（q'），可得

$$m_x = (0.0372 + 0.0214 \times 0.2) \times 7.946 \times 3.26^2 + (0.0592 + 0.0327 \times 0.2) \times \frac{2.8}{2} \times 3.26^2$$
$$= 4.481 (\text{kN · m})$$

$$m_y = (0.0214 + 0.0372 \times 0.2) \times 7.946 \times 3.26^2 + (0.0327 + 0.0592 \times 0.2) \times \frac{2.8}{2} \times 3.26^2$$
$$= 3.098 (\text{kN · m})$$

对边区格板的简支边，取 $m_x'' = 0$，$m_y' = 0$，则

$$m_x' = -0.09 \times 9.346 \times 3.26^2 = -8.94 (\text{N · m})$$

$$m_y'' = -0.0754 \times 9.346 \times 3.26^2 = -7.49 (\text{kN · m})$$

8. 区格板 B_G 的弯矩计算

计算跨度为　　　　　　　　　　　　$l_x = l_c = 3.9 \text{m}$

$$l_y = 5.1 - 0.1 + \frac{0.12}{2} = 5.06 \text{ (m)}$$

$$n = \frac{l_x}{l_y} = \frac{3.9}{5.06} = 0.77$$

因为区格板 B_G 的约束方式为三边固定一边简支，根据 $n = l_x/l_y = 0.77$，查附录 A 中附表 A.4（g'）和附表 A.2（q'），可得

$$m_x = (0.0326 + 0.0141 \times 0.2) \times 7.946 \times 3.9^2 + (0.0596 + 0.0323 \times 0.2) \times \frac{2.8}{2} \times 3.9^2$$
$$= 5.687 (\text{kN · m})$$

$$m_y = (0.0141 + 0.0326 \times 0.2) \times 7.946 \times 3.9^2 + (0.0323 + 0.0596 \times 0.2) \times \frac{2.8}{2} \times 3.9^2$$
$$= 3.434 (\text{kN · m})$$

对于三边连续，一短边简支的连续双向板，此时简支边的支座弯矩等于 0。

$$m_x' = 0$$

$$m_y' = m_y'' = -0.0571 \times 9.346 \times 3.9^2 = -8.117 \text{ (kN · m)}$$

$$m''_x = -0.0739 \times 9.346 \times 3.9^2 = -10.505 \ (\text{kN} \cdot \text{m})$$

按附录 A 进行内力计算，计算简图及计算结果如表 4.4 所示。

表 4.4　　　　　　　　　　按弹性理论计算的弯矩值（双向板）

项目	B_A	B_B	B_C	B_H	B_{B1}	B_E	B_G
l_x	5.96	3.3	2.4	5.7	3.26	2.4	3.9
l_y	5.06	4.16	2.1	2.4	4.16	4.16	5.06
l_y/l_x 或 l_x/l_y	0.85	0.79	0.875	0.42	0.784	0.577	0.77
m_x	7.604	3.977	1.002	0.836	4.481	2.61	5.687
m_y	9.668	2.484	1.273	2.672	3.098	1.139	3.434
m'_x	0	0	-2.250	-3.068	-8.94	-4.414	0
m''_x	-17.54	-7.409	-2.250	-3.068	0	0	-10.505
m'_y	0	-5.801	-2.502	-4.463	0	-3.074	-8.117
m''_y	-19.837	-5.801	-2.502	-4.463	-7.49	-3.074	-8.117

4.4.3.2　楼板配筋

本设计板选用 C25 的混凝土，则 $f_c = 11.9 \text{N/m}^2$，$f_t = 1.27 \text{N/m}^2$。钢筋选用 HPB300 级钢筋，则 $f_y = 270 \text{N/m}^2$。板的配筋如表 4.5 所示。

最小配筋率为

$$\rho_{\min} = \max\left(0.2\%, \ 0.45\frac{f_t}{f_y}\right) = \max\left(0.2\%, \ 0.45 \times \frac{1.27}{270}\right) = 0.212\%$$

则

$$A_{\min} = \rho_{\min}bh = 0.212\% \times 1000 \times 120 = 254.4 \ (\text{mm}^2)$$

表 4.5　　　　　　　　　　　　　　板的配筋

板	方向	h_0/mm	$M/(\text{kN/m})$	α_s	γ_s	计算配筋 A_s	配筋	实际配筋 A_s
B_A	l_x	100	7.604	0.064	0.967	291.24	$\phi 8 @160$	314
	l_y	100	9.668	0.081	0.958	373.77	$\phi 8 @120$	419
B_B	l_x	100	3.977	0.033	0.983	149.84	$\phi 8 @200$	251
	l_y	100	2.484	0.021	0.989	93.02	$\phi 8 @200$	251
B_C	l_x	100	1.002	0.008	0.996	37.26	$\phi 8 @200$	251
	l_y	100	1.273	0.011	0.995	47.39	$\phi 8 @200$	251
B_H	l_x	100	0.836	0.007	0.996	31.09	$\phi 8 @200$	251
	l_y	100	2.672	0.022	0.989	100.06	$\phi 8 @200$	251
B_{B1}	l_x	100	4.481	0.038	0.981	169.18	$\phi 8 @200$	251
	l_y	100	3.098	0.026	0.987	116.25	$\phi 8 @200$	251
B_E	l_x	100	2.610	0.022	0.989	97.74	$\phi 8 @200$	251
	l_y	100	1.139	0.010	0.995	42.40	$\phi 8 @200$	251
B_G	l_x	100	5.687	0.048	0.976	215.81	$\phi 8 @200$	251
	l_y	100	3.434	0.029	0.985	129.12	$\phi 8 @200$	251

4.4.4　梁的配筋计算

本设计梁的尺寸为 $b \times h = 150\text{mm} \times 300\text{mm}$，选用 C25 混凝土，纵向受拉钢筋选用 HRB335 级钢筋，其设计值为 $f_y = 300\text{N/mm}^2$。箍筋选用 HPB300 级钢筋，其设计值为 $f_y = 270\text{N/mm}^2$。

梁自重为

$$0.15 \times (0.3 - 0.12) \times 25 \times 1.2 = 0.81(\text{kN/m}^2)$$

10 厚水泥石灰膏砂浆：

$$0.01 \times (0.3 - 0.12) \times 2 \times 17 \times 1.2 = 0.073(\text{kN/m}^2)$$

$$g_1 = 0.883\text{kN/m}^2$$

4.4.4.1　梁 1 的配筋计算

梁 1 的配筋计算如图 4.3 所示。

梁 1 承受荷载的长度为 $L = 3.9\text{m}$。

1. 板 F 对梁 1 的作用

$$q_1 = (g + q) \times \frac{l}{2} = (6.788 + 2.8) \times \frac{2.4}{2} = 11.506(\text{kN/m})$$

$$q_2 = q_1 + g_1 = 11.506 + 0.883 = 12.389 \ (\text{kN/m})$$

$$F = 0.5 q_2 L = 0.5 \times 12.389 \times 3.9 = 24.16 \ (\text{kN})$$

支座处的弯矩为

$$M_1 = \frac{q_2}{12} L^2 = \frac{12.389}{12} \times 3.9^2 = 15.7 \ (\text{kN} \cdot \text{m})$$

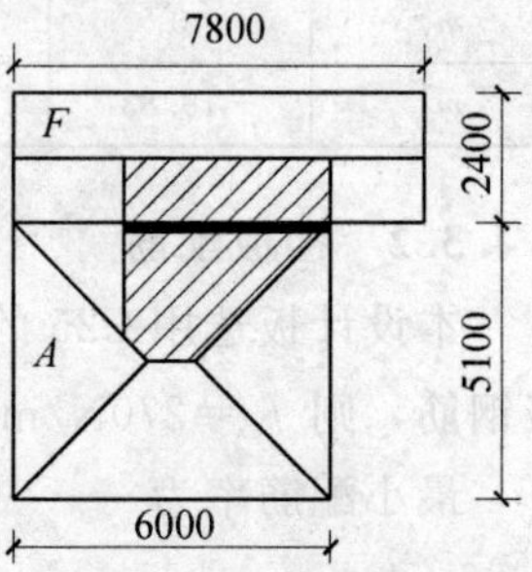

中间处的弯矩为

$$M_2 = -15.7 - 12.389 \times \frac{3.9}{2} \times \frac{3.9}{4} + 24.16 \times \frac{3.9}{2} = 7.857(\text{kN} \cdot \text{m})$$

图 4.3　梁 1 承受荷载

2. 板 A 对梁 1 的作用

$$q_1 = (g + q) \times \frac{l}{2} = (6.546 + 2.8) \times \frac{5.1}{2} = 23.832(\text{kN/m})$$

$$q_2 = \left[0.5 \times 2.55 \times 23.832 + 0.9 \times 23.832 + \frac{(19.626 + 23.832) \times 0.45}{2}\right]/3.9$$

$$= 15.798(\text{kN/m})$$

$$q_3 = q_2 + g_1 = 15.798 + 0.883 = 16.681(\text{kN/m})$$

$$F = 0.5 q_3 L = 0.5 \times 16.681 \times 3.9 = 32.53(\text{kN})$$

支座处的弯矩为

$$M_1 = \frac{q_3}{12} L^2 = \frac{16.681}{12} \times 3.9^2 = 21.14 \ (\text{kN} \cdot \text{m})$$

中间处弯矩为

$$M_2 = -21.14 - 16.681 \times \frac{3.9}{2} \times \frac{3.9}{4} + 32.53 \times \frac{3.9}{2} = 10.579 \ (\text{kN} \cdot \text{m})$$

3. 梁 1 的配筋

板 F 和板 A 对梁 1 作用的叠加为

$$\sum F = 24.16 + 32.53 = 56.69(\text{kN})$$
$$\sum M_1 = 15.7 + 21.14 = 36.84(\text{kN})$$
$$\sum M_2 = 7.857 + 10.579 = 18.436(\text{kN})$$

（1）计算纵向受拉钢筋：

$$h_0 = h - a_s = 300 - 35 = 265 \ (\text{mm})$$

$$\alpha_s = \frac{\sum M_1}{\alpha_1 f_c b h_0^2} = \frac{36.84 \times 10^6}{1.0 \times 11.9 \times 150 \times 265^2} = 0.2939 < \xi_b = 0.55$$

$$\gamma_s = \frac{1 + \sqrt{1 - 2\alpha_s}}{2} = \frac{1 + \sqrt{1 - 2 \times 0.2939}}{2} = 0.821$$

$$A_s = \frac{M_1}{f_y \gamma_s h_0} = \frac{36.84 \times 10^6}{300 \times 0.821 \times 265} = 564.4 \ (\text{mm}^2)$$

梁 1 支座处选用 4Φ14 的钢筋，其钢筋面积为 $A_s = 615\text{mm}^2$，则配筋率为

$$\rho = \frac{615}{150 \times 265} = 1.547\% > \rho_{\min} = \max(0.2\%, 0.45 f_t / f_y) = 0.2\%$$

同理，可以求得梁 1 中间处钢筋面积为

$$A_s = \frac{\sum M_2}{f_y \gamma_s h_0} = \frac{18.436 \times 10^6}{300 \times 0.92 \times 265} = 252(\text{mm}^2)$$

选用 2Φ14 的钢筋，钢筋面积 $A_s = 308\text{mm}^2$，则配筋率为

$$\rho = \frac{308}{150 \times 265} = 0.775\% > \rho_{\min} = 0.2\%$$

满足要求。

（2）计算箍筋。

首先复核截面。根据已知条件，得到

$$0.25 \beta_c f_c b h_0 = 0.25 \times 1.0 \times 11.9 \times 150 \times 265$$
$$= 118.26 \times 10^3 (\text{N})$$
$$= 118.26\text{kN} > F = 56.69\text{kN}$$

故截面尺寸满足要求。

因为

$$0.7 f_t b h_0 = 0.7 \times 1.27 \times 150 \times 265 = 35.3 \ (\text{kN}) < V = F = 56.69\text{kN}$$

须按计算配筋。

利用公式

$$V = 0.7 f_t b h_0 + 1.25 f_{yv} \frac{A_{sv}}{s} h_0$$

即

$$56.69 \times 10^3 = 0.7 \times 1.27 \times 150 \times 265 + 1.25 \times 270 \times \frac{A_{sv}}{s} \times 265$$

得

$$\frac{A_{sv}}{s} = 0.2387 \text{mm}^2 / \text{mm}$$

式中：s 为沿构件长度方向箍筋的间距。

根据计算要配置双肢箍筋 $\phi6@200\left[\dfrac{A_{sv}}{s}=\dfrac{2\times28.3}{200}=0.283(\text{mm}^2/\text{mm})\right]$。

4.4.4.2 梁 2 的配筋计算

梁 2 承受荷载的长度为 $L=2.1\text{m}$（见图 4.4）。

1. 板 H 对梁 2 的作用

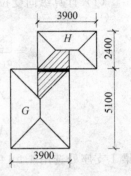

$$q_1=(g+q)\times\frac{l}{2}=(6.546+2.8)\times\frac{2.4}{2}=11.215(\text{kN/m})$$

$$q_2=(0.9\times11.215+0.5\times1.2\times11.215)/2.1=8.011(\text{kN/m})$$

$$q_3=q_2+g_1=8.011+0.883=8.894\ (\text{kN/m})$$

$$F=0.5q_3L=0.5\times8.894\times2.1=9.34\ (\text{kN})$$

支座处的弯矩为

$$M_1=\frac{q_3}{12}L^2=\frac{8.894}{12}\times2.1^2=3.27(\text{kN}\cdot\text{m})$$

中间处的弯矩为

图 4.4　梁 2 承受荷载

$$M_2=-3.27-8.894\times\frac{2.1}{2}\times\frac{2.1}{4}+9.34\times\frac{2.1}{2}=1.634(\text{kN}\cdot\text{m})$$

2. 板 G 对梁 2 的作用

$$q_1=(g+q)\times\frac{l}{2}=(6.546+2.8)\times\frac{3.9}{2}=18.225(\text{kN/m})$$

$$q_2=(0.5\times3.9\times18.225+0.5\times1.8\times16.823)/2.1=24.133(\text{kN/m})$$

$$q_3=q_2+g_1=24.133+0.883=25.016(\text{kN/m})$$

$$F=0.5q_3L=0.5\times25.016\times2.1=26.27(\text{kN})$$

支座处的弯矩为

$$M_1=\frac{q_3}{12}L^2=\frac{25.016}{12}\times2.1^2=9.19(\text{kN}\cdot\text{m})$$

中间处的弯矩为

$$M_2=-9.19-25.016\times\frac{2.1}{2}\times\frac{2.1}{4}+26.27\times\frac{2.1}{2}=4.6(\text{kN}\cdot\text{m})$$

3. 梁 2 的配筋

板 H 和板 G 对梁 2 作用的叠加为

$$\sum F=9.34+26.27=35.61(\text{kN})$$

$$\sum M_1=3.27+9.19=12.46(\text{kN})$$

$$\sum M_2=1.634+4.6=6.234(\text{kN})$$

（1）计算纵向受拉钢筋。将 $x=\xi_b h_0=0.55\times265=145.75\text{mm}$ 代入下式：

$$M_1'=\alpha_1 f_c bx\left(h_0-\frac{x}{2}\right)$$

得

$$M_1'=1.0\times11.9\times150\times145.75\times\left(265-\frac{145.75}{2}\right)=49.98\ (\text{kN})>\sum M_1$$

故按照构造要求配筋，支座和梁中间均选用 2$\oplus$12 的钢筋，其面积为 $A_s=226\text{mm}^2$。其配

筋率为

$$\rho = \frac{226}{150 \times 265} = 0.569\% > \rho_{\min} = 0.2\%$$

满足要求。

（2）计算箍筋。

首先复核截面。根据已知条件，得到

$$0.25\beta_c f_c bh_0 = 0.25 \times 1.0 \times 11.9 \times 150 \times 265 = 118.26(\text{kN}) > V = F = 35.61\text{kN}$$

故截面尺寸满足要求。

因为

$$0.7 f_t bh_0 = 0.7 \times 1.27 \times 150 \times 265 = 35.3(\text{kN}) \approx V = F = 35.61\text{kN}$$

故按照构造要求配筋。

根据构造要求，配置双肢箍筋 $\phi6@200 \left[\dfrac{A_{sv}}{s} = \dfrac{2 \times 28.3}{200} = 0.283(\text{mm}^2/\text{mm}) \right]$。

第5章 剪力墙风荷载标准值计算

5.1 风　荷　载

风荷载是风在建筑物表面上形成的压力和吸力。对于高层建筑而言，风荷载是结构承受的主要荷载之一，在非抗震设计或抗震设防烈度较低的地区，它常常是结构设计的控制条件。

5.1.1 风荷载标准值

5.1.1.1 单位面积风荷载标准值

垂直作用于建筑物表面上的风荷载标准值按式（5-1）计算，风荷载作用面积应取垂直于风向的最大投影面积。

$$w_k = \beta_z \mu_z \mu_s w_0 \ (\text{kN/m}^2) \tag{5-1}$$

其中

$$\beta_z = 1 + 2g I_{10} B_z \sqrt{1 + R^2} \tag{5-2}$$

式中　w_k——风荷载标准值，kN/m^2；

　　　　w_0——基本风压值，kN/m^2，由《建筑结构荷载规范》（GB 50009—2012）查取，对于特别重要或对风荷载比较敏感的高层建筑，w_0 按 100 年重现期的风压值采用；

　　　　μ_s——风荷载体型系数；

　　　　μ_z——风压高度变化系数，按《建筑结构荷载规范》（GB 50009—2012）的规定，可按表 5.1 采用；

　　　　β_z——z 高度处的风振系数；

　　　　g——峰值因子，可取 2.5；

　　　　I_{10}——10m 高度名义湍流强度，对应 A、B、C 和 D 类地面粗糙度，可分别取 0.12、0.14、0.23 和 0.39；

　　　　R——脉动风荷载的共振分量因子；

　　　　B_z——脉动风荷载的背景分量因子。

值得指出的是，当有突出屋面的小塔楼时，其风荷载仍可按式（5-1）计算，此时，μ_s 的值按小塔楼的体型选定，确定 μ_z、β_z 的值时，高度 H 取小塔楼的实际标高。

需要特别说明的是：计算主体结构的风荷载效应时，根据《高层建筑混凝土结构技术规程》（JGJ 3—2010），风荷载体型系数可按下列规定取值：

（1）圆形平面建筑取 0.8。

（2）正多边形及截角三角形平面建筑，由下式计算：

$$\mu_s = 0.8 + \frac{1.2}{\sqrt{n}}$$

式中　n——多边形的边数。

（3）高宽比 $H/B \leqslant 4$ 的矩形、正方形、十字形平面建筑取 1.3。

（4）当建筑结构为 V 形、Y 形、弧形、双十字形、井字形平面建筑，L 形、槽形和高宽比 $H/B>4$ 的十字形平面建筑，以及高宽比 $H/B>4$、长宽比 $L/B \leqslant 1.5$ 的矩形、鼓形平面建筑时，风荷载体型系数 μ_s 取 1.4。

在需要更细致进行风荷载计算的场合，风荷载体型系数可按《高层建筑混凝土结构技术规程》（JGJ 3—2010）中采用，或由风洞试验确定。

表 5.1　　　　　　　　　　　　风压高度变化系数 μ_z

离地面或海平面高度 /m	地面粗糙度类别			
	A	B	C	D
5	1.09	1.00	0.65	0.51
10	1.28	1.00	0.65	0.51
15	1.42	1.13	0.65	0.51
20	1.52	1.23	0.74	0.51
30	1.67	1.39	0.88	0.51
40	1.79	1.52	1.00	0.60
50	1.89	1.62	1.10	0.69
60	1.97	1.71	1.20	0.77
70	2.05	1.79	1.28	0.84
80	2.12	1.87	1.36	0.91
90	2.18	1.93	1.43	0.98
100	2.23	2.00	1.50	1.04
150	2.46	2.25	1.79	1.33
200	2.64	2.46	2.03	1.58
250	2.78	2.63	2.24	1.81
300	2.91	2.77	2.43	2.02
350	2.91	2.91	2.60	2.22
400	2.91	2.91	2.76	2.40
450	2.91	2.91	2.91	2.58
500	2.91	2.91	2.91	2.74
$\geqslant 550$	2.91	2.91	2.91	2.91

注　表中的地面粗糙度分为以下四类：
A 类指近海海面和海岛、海岸、湖岸及沙漠地区。
B 类指田野、乡村、丛林、丘陵以及房屋比较稀疏的乡镇和城市郊区。
C 类指有密集建筑群的城市市区。
D 类指有密集建筑群且房屋较高的城市市区。

5.1.1.2　总风荷载标准值

计算风荷载下结构产生的内力及位移时，需要计算作用在建筑物上的全部风荷载，即建筑物承受的总风荷载。设建筑物外围有 n 个表面积（每一个平面作为一个表面积），则总风荷载是各个表面承受风力的合力，并且是沿高度变化的分布荷载。

（1）作用于第 i 个建筑物表面上高度 z 处的风荷载沿风作用方向的风载标准值为

$$w_{iz} = \beta_z \mu_z w_0 B_i \mu_{si} \cos\alpha_i \tag{5-3}$$

式中　　α_i——第 i 个表面外法线与风作用方向的夹角；

B_i、μ_{si}——分别为第 i 个表面的宽度、风载体型系数。

（2）整个建筑物在高度 z 处沿风作用方向的风荷载标准值 w_z，是各表面高度 z 处沿该方向风荷载标准值之和，即

$$w_z = \sum w_{iz} \tag{5-4}$$

（3）第 i 楼层（包括小塔楼）高程处取 $z = H_i$（H_i 为第 i 楼层的标高）的风荷载合力 P_i：

$$P_i = w_z \left(\frac{h_i}{2} + \frac{h_{i+1}}{2} \right) \tag{5-5}$$

式中　　h_i、h_{i+1}——分别为第 i 层楼面上、下层层高，计算顶层集中荷载时，$h_{i+1}/2$ 取女儿墙高度。

由式（5-3）～式（5-5）计算风荷载时，建议采用 EXCEL 列表进行。

风荷载作用方向是任意的，计算时一般考虑主轴方向，但可以是正风向，也可以是反风向。在矩形结构平面中，正、反两个方向荷载作用下的内力大小相等，符号相反。因此，只需做一次计算分析，将内力冠以正、负号即可。对于复杂体型的高层建筑，正风向和反风向的体型系数常常不同，因而，正、反两个风向的风荷载也不同，在这种情况下，风荷载按两个方向绝对值较大的采用。这样，正风向和反风向只需计算一次。两个方向的内力大小相等，方向相反，计算可大大简化。

5.1.2　风荷载换算

采用近似法计算高层建筑结构内力时，需将由式（5-5）计算的各楼层标高处的集中荷载换算成三种典型水平荷载（顶点集中荷载、均布荷载和倒三角形荷载），以适应现有的协同内力计算公式或图表。

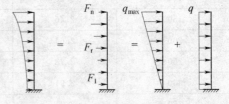

图 5.1　风荷载换算图

风荷载的换算可按以下方法确定：按静力等效原理将风荷载换算为作用于各楼层标高处的集中荷载 F_i（kN），如图 5.1 所示。为便于利用现有公式计算内力与位移，可将作用于各楼层的风荷载折算为倒三角形分布荷载和均布荷载的叠加。根据折算前后结构底部弯矩和底部剪力分别相等的条件，得

$$\frac{q_{max} H^2}{3} + \frac{q H^2}{2} = M_0$$

$$\left(\frac{q_{max}}{2} + q \right) H = V_0$$

联立求解上列方程组，得

$$q_{max} = \frac{12 M_0}{H^2} - \frac{6 V_0}{H} \tag{5-6}$$

$$q = \frac{4V_0}{H} - \frac{6V_0}{H^2} \tag{5-7}$$

5.2　剪力墙风荷载标准值计算

垂直作用于建筑物表面上的风荷载标准值按 $w_k = \beta_z \mu_s \mu_z w_0$ 计算，其中基本风压 $w_0 = 0.65 \text{kN/m}^2$。

由于本例结构总高度 $H = 33.6 + 1.05 = 34.65 \text{(m)} > 30\text{m}$ （室内外高差 1.05m），且 $H/B = 34.65/11.7 = 2.96 > 1.5$，应考虑风压脉动的影响。

风振系数由下式计算：

$$\beta_z = 1 + 2g I_{10} B_z \sqrt{1 + R^2}$$

其中，峰值因子 g 取 2.5，10m 高度名义湍流强度 I_{10} 对应 C 类地面粗糙度取 0.23。脉动风荷载的共振分量因子可按下式计算：

$$R = \sqrt{\frac{\pi}{6\zeta_1} \frac{x_1^2}{(1 + x_1^2)^{4/3}}}$$

其中

$$x_1 = \frac{30 f_1}{\sqrt{k_w w_0}}, \quad x_1 > 5$$

计算结构的基本周期为 $T_1 = 0.03 + 0.03 H/\sqrt[3]{B} = 0.49$。根据地面粗糙度类别为 C 类，地面粗糙度修正系数 k_w 取 0.54，结构阻尼比 ζ_1 取 0.05，则

$$x_1 = \frac{30}{0.4879 \times \sqrt{0.54 \times 0.65}} = 103.7855$$

$$R^2 = \frac{\pi}{6 \times 0.05} \times \frac{103.7855^2}{(1 + 103.7855^2)^{\frac{4}{3}}} = 0.4741$$

脉动风荷载的背景分量因子按下式计算：

$$B_z = k H^{a_1} \rho_x \rho_z \frac{\phi_1(z)}{\mu_z}$$

查表 5.2 可得系数 $k = 0.295$，$a_1 = 0.261$；振型系数 $\phi_1(z)$ 根据相对高度 z/H 按《建筑结构荷载规范》（GB 50009—2012）附录 G 确定（见表 5.3）。竖直、水平方向的相关系数分别按下式计算：

$$\rho_z = \frac{10 \sqrt{H + 60 e^{-H/60} - 60}}{H}$$

$$\rho_x = \frac{10 \sqrt{B + 50 e^{-B/50} - 50}}{B}$$

将 H、B 代入上式，可得 $\rho_z = 0.8329$，$\rho_x = 0.9625$，故

$$B_z = 0.295 \times 34.65^{0.261} \times 0.8329 \times 0.9625 \times \frac{\phi_1(z)}{\mu_z} = 0.5966 \times \frac{\phi_1(z)}{\mu_z}$$

则

$$\beta_z = 1 + 0.833 \frac{\phi_1(z)}{\mu_z}$$

表 5.2 系数 k 和 a_1

粗 糙 度 类 别		A	B	C	D
高层建筑	k	0.944	0.670	0.295	0.112
	a_1	0.155	0.187	0.261	0.346
高耸结构	k	1.276	0.910	0.404	0.155
	a_1	0.186	0.218	0.292	0.376

表 5.3 高层建筑的振型系数

相对高度 z/H	振型序号			
	1	2	3	4
0.1	0.02	−0.09	0.22	−0.38
0.2	0.08	−0.30	0.58	−0.73
0.3	0.17	−0.50	0.70	−0.40
0.4	0.27	−0.68	0.46	0.33
0.5	0.38	−0.63	−0.03	0.68
0.6	0.45	−0.48	−0.49	0.29
0.7	0.67	−0.18	−0.63	−0.47
0.8	0.74	0.17	−0.34	−0.62
0.9	0.86	0.58	0.27	−0.02
1.0	1.00	1.00	1.00	1.00

计算风振系数后，利用 $w_k = \beta_z \mu_s \mu_z w_0$ 可以计算风荷载标准值，风压高度变化系数 μ_z 按照线性插值法计算得出。各层风荷载由式 $F_i = \beta_z \mu_s B h_i \mu_z w_0$ 计算，本例计算结果如表 5.4 所示。表中 H_i 为第 i 层标高，h_i 为各层楼板上下层层高一半之和，例如第三层 h_i 的值为第二、四层各层层高一半之和（$h_3 = 0.5 \times 2.8 + 0.5 \times 2.8 = 2.8$）。

表 5.4 各楼层风荷载计算

楼层	H_i/m	H_i/H	$\phi_1(z)$	μ_z	β_z	h_i	$\mu_s B$	F_i
机房	38.65	1.115	1	0.984	1.847	2	5.72	13.511
12	34.65	1	1	0.936	1.890	2		13.155
						1.4	43.51	70.044
11	31.85	0.919	0.887	0.902	1.819	2.8	43.51	129.938
10	29.05	0.838	0.786	0.867	1.755	2.8	43.51	120.504
9	26.25	0.758	0.711	0.828	1.715	2.8	43.51	112.468
8	23.45	0.677	0.619	0.788	1.654	2.8	43.51	103.232
7	20.65	0.596	0.447	0.749	1.497	2.8	43.51	88.798
6	17.85	0.515	0.391	0.701	1.465	2.8	43.51	81.303
5	15.05	0.434	0.307	0.65	1.393	2.8	43.51	71.723
4	12.25	0.354	0.224	0.65	1.287	2.8	43.51	66.248
3	9.45	0.273	0.146	0.65	1.187	2.8	43.51	61.103
2	6.65	0.192	0.075	0.65	1.096	2.8	43.51	56.420
1	3.85	0.111	0.027	0.65	1.035	2.8	43.51	53.253

本例风荷载体型系数 μ_s 可近似按矩形平面采用，查《高层建筑混凝土结构技术规程》（JGJ 3—2010）附录 B，得

$$\mu_{s1}=0.8$$

$$\mu_{s2}=-\left(0.48+\frac{H}{L}\times0.03\right)=-\left(0.48+\frac{34.65}{33.18}\times0.03\right)=-0.5113$$

$$\mu_{s_3}=\mu_{s_4}=-0.60$$

如图 5.2 所示，利用 μ_s 可计算如下：

楼层间：　　　　　$\mu_s B=(0.8+0.5113)\times33.18=43.51$

机房：　　　　　　$\mu_s B=(0.8+0.5)\times2.2\times2=5.72$

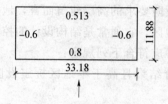

图 5.2　楼层风荷载体型系数

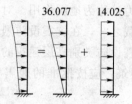

图 5.3　风荷载的转换

在壁式框架-剪力墙结构协同工作分析中，应将沿高度的分布风荷载折算成倒三角形荷载和均布荷载，如图 5.3 所示。各楼层风荷载在底部产生的弯矩如表 5.5 所示，并由表 5.5 中的数值可求得结构底部剪力和弯矩分别为 $V_0=\sum F_i=1041.698\text{kN}$，$M_0=\sum F_i H_i=21657\text{kN}\cdot\text{m}$。

倒三角形分布荷载最大值为

$$q_{\max}=\frac{12M_0}{H^2}-6\frac{V_0}{H}=\frac{12\times21657}{34.65^2}-\frac{6\times1041.698}{34.65}=36.077(\text{kN/m})$$

均布荷载值为

$$q=\frac{4V_0}{H}-\frac{6M_0}{H^2}=\frac{4\times1041.698}{34.65}-\frac{6\times21657}{34.65^2}=14.025(\text{kN/m})$$

表 5.5　　　　　　　　　　　各楼层风荷载在底部产生的弯矩

楼层	H_i/m	F_i/kN	$M_i=F_i H_i/(\text{kN}\cdot\text{m})$	楼层	H_i/m	F_i/kN	$M_i=F_i H_i/(\text{kN}\cdot\text{m})$
机房	37.6	13.511	508.022	6	16.8	81.303	1365.886
12	33.6	83.198	2795.453	5	14	71.723	1004.125
11	30.8	129.938	4002.079	4	11.2	66.248	741.980
10	28	120.504	3374.103	3	8.4	61.103	513.266
9	25.2	112.468	2834.195	2	5.6	56.420	315.950
8	22.4	103.232	2312.394	1	2.8	53.253	149.109
7	19.6	88.798	1740.436				

第6章 水平地震作用的计算

6.1 地震作用计算方法

地震是地壳的构造运动引起的地面振动，它使原来静止的建筑物产生振动，振动过程中产生的惯性力被称为地震作用。对于有抗震设防要求的高层建筑而言，地震作用是结构承受的主要荷载之一，在抗震设防烈度较高的地区，它通常是结构设计的控制因素。

（1）各抗震设防类别高层建筑的地震作用，应符合下列规定：

1）甲类建筑：应按批准的地震安全性评价结果且高于本地区抗震设防烈度的要求确定。

2）乙、丙类建筑：应按本地区抗震设防烈度计算。

（2）高层建筑结构的地震作用计算应符合下列规定：

1）一般情况下，应允许在结构两个主轴方向分别考虑水平地震作用计算；有斜交抗侧力构件的结构，当相交角度大于 15°时，应分别计算各抗侧力构件方向的水平地震作用。

2）质量与刚度分布明显不对称、不均匀的结构，应计算双向水平地震作用下的扭转影响；其他情况，应计算单向水平地震作用下的扭转影响。

3）高层建筑中的大跨度和长悬臂结构，7 度（0.15g）、8 度抗震设计时应考虑竖向地震作用。

4）9 度抗震设计时应计算竖向地震作用。

（3）计算单向地震作用时应考虑偶然偏心的影响。每层质心沿垂直于地震作用方向的偏移值可按下式采用：

$$e_i = \pm 0.05 L_i$$

式中 e_i——第 i 层质心偏移值，m，各楼层质心偏移方向相同；

L_i——第 i 层垂直于地震作用方向的建筑物总长度，m。

（4）根据《建筑抗震设计规范》（GB 50011—2010），高层建筑结构应根据不同情况分别采用相应的地震作用计算方法。

1）高度不超过 40m、刚度和质量沿高度分布均匀的建筑，可采用底部剪力法。

2）除上述情况外，一般高层建筑要用振型分解反应谱法计算地震作用。振型分解反应谱法是高层建筑结构地震作用分析的基本方法，几乎所有高层建筑结构设计程序都采用了这一方法。

3）7～9 度抗震设防的高层建筑，当房屋高度较高、地震烈度较高或房屋沿高度方向刚度和质量极不均匀时，还要采用时程分析法进行补充计算，主要有以下五种情况：

a. 甲类高层建筑结构。

b. 表 6.1 所列属于乙、丙类的高层建筑。

c. 竖向不规则的高层建筑。

d. 复杂高层建筑。

e. 质量沿竖向分布特别不均匀的高层建筑结构。

毕业设计要求手算，一般宜采用底部剪力法。

表 6.1　　　　　　　　　采用时程分析法的乙、丙类的高层建筑

设防烈度、场地类别	建筑高度范围/m	设防烈度、场地类别	建筑高度范围/m
8 度Ⅰ、Ⅱ类场地和 7 度	>100	9 度	>60
8 度Ⅲ、Ⅳ类场地	>80		

6.1.1　底部剪力法

按照反应谱理论，地震作用的大小与重力荷载代表值的大小成正比，即

$$F_E = mS_a = \frac{G}{g}S_a = \frac{S_a}{g}G = \alpha G \tag{6-1}$$

式中　G——重力荷载代表值；

α——地震作用影响系数，即单质点体系在地震时最大反应加速度与重力加速度之比。

采用底部剪力法计算高层建筑结构的水平地震作用时，各楼层在计算方向可仅考虑一个自由度（见图 6.1），具体步骤如下。

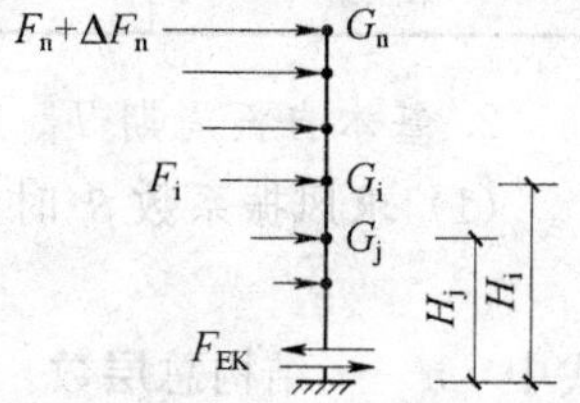

（1）结构底部剪力应按下列公式计算：

$$F_{Ek} = \alpha G_{eq} \tag{6-2}$$

$$G_{eq} = 0.85 G_E \tag{6-3}$$

图 6.1　底部剪力法计算示意

式中　F_{Ek}——结构底部剪力；

α——相应于结构基本自振周期 T_1 的水平地震影响系数；

G_{eq}——结构等效总重力荷载代表值；

G_E——结构总重力荷载代表值，应取各质点重力荷载代表值之和，即

$$G_E = \sum G_i$$

（2）质点 i 的水平地震作用标准值可按下式计算：

$$F_i = \frac{G_i H_i}{\sum_{j=1}^{n} G_j H_j} F_{Ek}(1-\delta_n) \quad (i=1,2,\cdots,n) \tag{6-4}$$

式中　F_i——质点 i 的水平地震作用标准值；

G_i、G_j——分别为集中于质点 i、j 的重力荷载代表值；

H_i、H_j——分别为质点 i、j 的计算高度。

（3）主体结构顶层附加水平地震作用标准值可按下式进行计算：

$$\Delta F_n = \delta_n F_{Ek} \tag{6-5}$$

δ_n——顶点附加地震作用系数，按表 6.2 取用；

ΔF_n——顶点附加水平地震作用标准值。

表 6.2 顶部附加地震作用系数 δ_n

T_g/s	$T_1 > 1.4 T_g$	$T_1 \leqslant 1.4 T_g$
$\leqslant 0.35$	$0.08t_1 + 0.07$	
$0.35 \sim 0.55$	$0.08T_1 + 0.01$	0.0
$\geqslant 0.55$	$0.08T_1 - 0.02$	

6.1.2 底部剪力法中的系数计算

1. 特征周期 T_g

特征周期 T_g 不仅与场地类别有关，而且还与设计地震分组有关，同时反映了震级大小、震中距和场地条件的影响，可根据表 6.3 进行取值。

表 6.3 特征周期 T_g 单位：s

设计地震分组	场地类别				
	I_0	I_1	II	III	IV
第一组	0.20	0.25	0.35	0.45	0.65
第二组	0.25	0.30	0.40	0.55	0.75
第三组	0.30	0.35	0.45	0.65	0.90

2. 基本自振周期 T_1

（1）求风振系数 β_z 时，剪力墙结构可按下式计算基本自振周期 T_1：

$$T_1 = (0.05 \sim 0.06)n$$

式中 n——结构总层数。

（2）求水平地震影响系数和顶部附加地震作用系数时，对质量和刚度沿高度分布比较均匀的剪力墙结构，可按下式计算基本自振周期：

$$T_1 = 1.7\alpha_0 \sqrt{\Delta} \tag{6-6}$$

式中 Δ——假想的结构顶点水平位移，m，即假想把集中在各楼层处的重力荷载代表值 G_i 作为该楼层的水平荷载，并等效为均布荷载和定点集中荷载，由剪力墙结构在相应荷载下的计算公式或查"高层建筑结构设计"教材相应的图表求出结构的顶点弹性水平位移；

α_0——考虑非承重墙刚度对结构自振周期影响的折减系数，对于剪力墙结构，$\alpha_0 = 0.9 \sim 1.0$。

（3）计算自振周期的经验公式。根据《建筑抗震设计规范》（GB 50011—2010），钢筋混凝土剪力墙结构的自振周期可按下列方法计算：

$$T_1 = 0.03 + 0.03 \frac{H}{\sqrt[3]{B}} \tag{6-7}$$

$$T_1 = 1.3 \left(0.035 + 0.032 \frac{H}{\sqrt[3]{B}} \right) \tag{6-8}$$

式中 H——檐口高度；

B——宽度（与振动方向平行的平面边长）。

高度为 25～50m，剪力墙间距为 3～6m 的住宅、旅馆类型的板式剪力墙结构中，可以采取下列经验公式。

当横墙间距较密时：$\qquad T_{1横}=0.05n$，$T_{1纵}=0.04n$

当横墙间距较疏时：$\qquad T_{1横}=0.06n$，$T_{1纵}=0.05n$

式中　n——结构总层数。

3. 水平地震影响系数最大值 $\alpha_{\max}$

现阶段，仍采用抗震设防烈度所对应的水平地震影响系数最大值 $\alpha_{\max}$，多遇地震烈度和罕遇地震烈度分别对应于 50 年设计基准期内超越概率为 63% 和 2%～3% 的地震烈度，也就是通常所说的小震烈度和大震烈度。根据《建筑抗震设计规范》（GB 50011—2010），水平地震影响系数最大值 $\alpha_{\max}$ 可按表 6.4 取值。

表 6.4　水平地震影响系数最大值 $\alpha_{\max}$

地震影响	6 度	7 度	8 度	9 度
多遇地震	0.04	0.08（0.12）	0.16（0.24）	0.32
罕遇地震	0.28	0.50（0.72）	0.90（1.20）	1.40

注　7 度、8 度括号内数值分别用于设计基本地震加速度为 $0.15g$ 和 $0.30g$ 的地区。

4. 水平地震影响系数 α

建筑结构的地震影响系数 α 应根据地震烈度、场地类别、设计地震分组和结构自振周期以及阻尼比按图 6.2 确定。由图 6.2 可知，α 反应谱曲线由 4 部分组成：$T<0.1$s，采用一条向上倾斜的直线，即采用线性上升段；0.1s$\leqslant T\leqslant T_g$，采用一水平线，即取最大值 $\eta_2\alpha_{\max}$；$T_g\leqslant T\leqslant 5T_g$，采用式（6-9）所示的曲线下降段；$5T_g\leqslant T\leqslant 6.0$s，采用式（6-10）所示的直线下降段。但应注意，当 $T>6.0$s 时，该设计反应谱已超出其使用范围，此时结构的地震影响系数应专门研究。

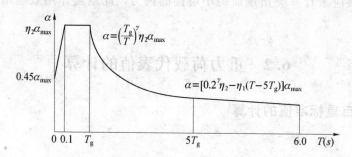

图 6.2　地震影响系数曲线

$$\alpha=\left(\frac{T_g}{T}\right)^\gamma \eta_2\alpha_{\max} \qquad (6-9)$$

$$\alpha=[\eta_2 0.2^\gamma-\eta_1(T-5T_g)]\alpha_{\max} \qquad (6-10)$$

其中
$$\gamma=0.9+\frac{0.05-\zeta}{0.3+6\zeta} \qquad (6-11)$$

$$\eta_1 = 0.02 + \frac{0.05 - \zeta}{4 + 32\zeta} \qquad\qquad (6-12)$$

$$\eta_2 = 1 + \frac{0.05 - \zeta}{0.08 + 1.6\zeta} \qquad\qquad (6-13)$$

式中　α——地震影响系数；

α_{max}——地震影响系数最大值；

γ——曲线下降段的衰减指数；

η_1——直线下降段的下降斜率调整系数，且当 $\eta_1 < 0$ 时，取 $\eta_1 = 0$；

η_2——阻尼调整系数，且当 $\eta_2 < 0.55$ 时，取 $\eta_2 = 0.55$；

T——结构自振周期；

ζ——结构的阻尼比，一般钢筋混凝土结构可取 0.05，相应的 γ、η_1 和 η_2 分别为 0.9、0.02 和 1.0。

6.1.3　水平地震作用换算

由式（6-1）、式（6-4）、式（6-5）得到的各楼层处的水平地震作用 F_i 和顶点附加水平地震作用 ΔF_n，按照底部总弯矩和底部总剪力相等的原则，等效地折算成倒三角形荷载和顶点集中荷载之和，其 q_{max} 和 F 按下式计算：

$$q_{max} = 6(V_0 H - M_0 - M_1)/H^2 \qquad\qquad (6-14)$$

$$F = 3(M_0 + M_1)/H + F_e + \Delta F_n - 2V_0 \qquad\qquad (6-15)$$

式中　q_{max}——倒三角形荷载的最大值；

F——顶点集中荷载。

当建筑物有突出屋面的小塔楼（楼梯间、电梯间或其他体形较主体结构小很多的突出物）时，由于结构的刚度突变，受到地震影响时会产生所谓"鞭梢效应"。因此，按底部剪力法进行抗震计算时，突出屋面的小塔楼的地震作用效应，宜乘以增大系数 3，以此增大的地震作用效应来计算突出屋面的小塔楼的内力，此地震作用效应增大部分不往下传递。

6.2　重力荷载代表值的计算

6.2.1　外墙自重标准值的计算

1. 女儿墙

总长为

$$L = (33.0 + 14.4) \times 2 + (1.5 + 1.2) \times 2 = 100.2(\text{m})$$

总重为

$$G_{k1} = 3.36 \times 0.9 \times 100.2 = 303(\text{kN})$$

2. 标准层外墙自重标准值的计算

$$A = 100.2 \times 2.8 - 12 \times 1.5 \times 2.1 - 4 \times 1.2 \times 1.5 - 2 \times (1.5 \times 1.2 + 0.6 \times 1.2 + 2.1 \times 1.5)$$
$$= 224.22(\text{m}^2)（去掉各个洞口的面积后标准层墙面积）$$

总重为

$$G_{k1}=5.78\times224.22=1296(kN)$$

6.2.2　内墙自重标准值的计算

内墙总长为 $L_0=127.5m$（未去掉门窗洞口的长度）。

$$A=127.5\times2.8-20\times0.9\times2.1-4\times1.0\times2.1=310.8(m^2)（去掉各个洞口后的墙面积）$$

$$G_{k1}=5.504\times310.8=1711(kN)$$

6.2.3　隔墙自重标准值的计算

隔墙总长 $L_0'=27.6m$ 则

$$A=27.6\times2.8=77.28(m^2)，\quad G_{k1}=1.254\times77.28=96.91(kN)$$

6.2.4　门窗自重标准值的计算

门自重标准值：

$$A=12\times1.5\times2.1+2\times1.5\times2.1+20\times0.9\times2.1+4\times1.0\times2.1=90.3(m^2)$$

$$G_{k1}=0.4\times90.3=36.12（kN）$$

窗自重标准值：

$$A=4\times1.5\times1.2+2\times1.5\times2.1+2\times0.6\times1.2+2\times1.5\times1.2=18.54(m^2)$$

$$G_{k1}=0.45\times18.54=8.343(kN)$$

6.2.5　楼板自重和楼梯间、电梯间自重的计算

易得标准层楼面面积 $A=393.3m^2$，其中楼梯间、电梯间面积 $A=56.16m^2$，楼板面积 $A=393.3-56.16=337.14(m^2)$。

楼板自重为

$$G_{k1}=5.455\times337.14=1839.099(kN)$$

楼梯间、电梯间自重为

$$G_{k1}=1.2\times5.455\times56.16=367.6234(kN)$$

楼面活荷载为

$$G_{k1}=2\times393.3=786.6(kN)$$

6.2.6　梁自重的计算

梁 L-1 长 3.9m，L-2 长 2.1m，各两根，总长 12m，则

$$G_{k1}=0.883\times12=10.6(kN)$$

6.2.7　重力荷载代表值的计算

重力荷载代表值 G 取结构和构件自重标准值和各可变荷载组合值之和，各可变荷载组合值系数：①雪荷载，0.5；②屋面活载，0.0；③按等效均布荷载计算的楼面活载，0.5。

本例重力荷载代表值 $G_1\sim G_{11}$ 的计算结果列于表 6.5，G_{12} 的计算结果列于表 6.6，G_{13} 的计算结果列于表 6.7。

表 6.5 重力荷载代表值 $G_1 \sim G_{11}$ 计算

项　目	单位面积重量 /(kN/m²)	面　积 /m²	单位长度重量 /(kN/m)	长　度 /m	重　量 /kN
外　墙	5.78	224.22			1296
内　墙	5.504	310.8			1710.64
隔　墙	1.254	77.28			96.91
门（铝合金门）	0.4	90.3			36.12
窗	0.45	18.54			8.343
楼　板	5.455	337.14			1839.099
楼梯间、电梯间	1.2×5.455	56.16			367.623
梁			0.883	12	10.6
楼面活荷载	2.0	393.3			786.6

注　1. $G_1 \sim G_{11} =$ 恒荷载＋0.5×楼面活荷载＝（1296＋1710.64＋96.91＋36.12＋8.343＋1839.099＋367.623＋10.6）＋786.6/2＝5758.648（kN）（设计值 7486kN）。

　　2. 楼梯间，电梯间楼面自重近似取一般楼面自重的 1.2 倍。

表 6.6 重力荷载代表值 G_{12} 计算

项　目	单位面积重量 /(kN/m²)	面　积 /m²	单位长度重量 /(kN/m)	长　度 /m	重　量 /kN
12 层外墙（半墙）					648
12 层内墙（半墙）					855.32
12 层隔墙（半墙）					48.455
12 层门窗					42.783
12 层屋面梁			0.883	12	10.6
屋面板	5.655	393.3			2224.112
楼梯间、电梯间	1.2×5.455	56.16			367.623
女儿墙	3.36	90.18			303
电梯设备					200
雪荷载	0.45	393.3			176.985
楼梯间、电梯间活荷载	2.0	56.16			112.32

注　$G_{12} =$（648＋855.32＋48.455＋42.785＋10.6＋2224.112＋367.623＋303＋200）＋（176.985＋112.32）/2＝4844.55(kN)(设计值 6298kN)。

表 6.7 重力荷载代表值 G_{13} 计算

项　目	单位面积重量 /(kN/m²)	面　积 /m²	重　量 /kN
电梯轿厢及设备自重			200
水，水箱及设备自重			400
屋面雪荷载	0.45	40	18

注　$G_{13} =$ 200＋400＋18/2＝609（kN）（设计值 791.7kN）。

重力荷载代表值 $G_1 \sim G_{13}$ 的位置如图 6.3 所示。

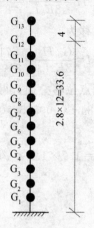

图 6.3　重力荷载代表值 $G_1 \sim G_{13}$

6.3　结构基本自振周期计算

本例质量和刚度沿高度分布比较均匀，其基本自振周期可按下式计算：

$$T_1 = 1.7\psi_\mathrm{T}\sqrt{u_\mathrm{T}}$$

式中　u_T——结构顶层假想侧移，即假想将结构各层的重力荷载作为楼层的集中水平力，按弹性静力方法计算所得到的顶层侧移值；

ψ_T——结构基本自振周期考虑非承重墙影响的折减系数，剪力墙结构取 0.9～1.0，本例取 1.0。

按照主体结构顶点位移相等的原则，将电梯间质点的重力荷载代表值折算到主体顶层，并将各质点重力荷载代表值转化为均布荷载。折算后的电梯间质点的重力荷载代表值及转化后的均布荷载分别为

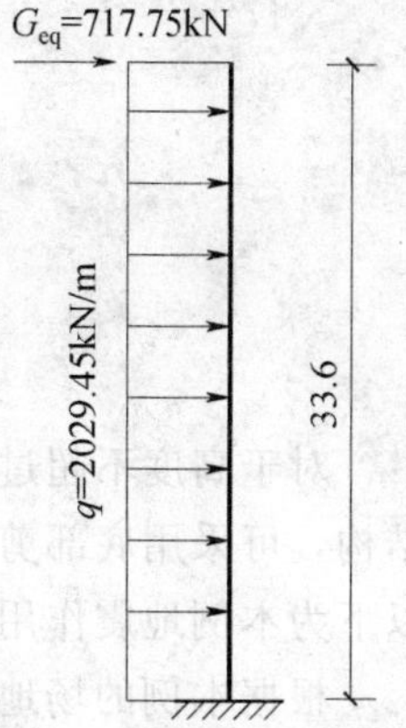

$$G_\mathrm{eq} = G_{13}\left(1 + \frac{3h_1}{2H}\right) = 609 \times \left(1 + \frac{3 \times 4}{2 \times 33.6}\right) = 717.75(\mathrm{kN})$$

$$q = \frac{\sum\limits_{i=1}^{12} G_i}{H} = (5765.43 \times 11 + 4833.948) \div 33.6$$
$$= 2031.36(\mathrm{kN/m})$$

$$q = \frac{\sum\limits_{i=1}^{12} G_i}{H} = (5758.635 \times 11 + 48444.55) \div 33.6 = 2029.45(\mathrm{kN/m})$$

主体顶点荷载与均布荷载如图 6.4 所示。

两种荷载作用下结构顶点的位移，由图 6.5 按结构力学中的单位力法并利用叠加法，可得均布荷载作用下结构的顶点位移为

图 6.4　主体顶点荷载与均布荷载

$$u_{T1} = \frac{1}{E_c I_{eq}} \left(\frac{H}{3} \times \frac{1}{2} q H^2 \right) \times \frac{3}{4} H = \frac{q H^4}{8 E_c I_{eq}} = \frac{2029.45 \times 33.6^4}{8 \times 176.2012 \times 10^7} = 0.184 (\text{m})$$

顶点集中力作用下结构的顶点位移为

$$u_{T2} = \frac{1}{E_c I_{eq}} \left(\frac{H}{2} \times G_{eq} H \right) \times \frac{2}{3} H = \frac{G_{eq} H^3}{3 E_c I_{eq}} = \frac{717.75 \times 33.6^3}{3 \times 176.2012 \times 10^7} = 0.00515 (\text{m})$$

将以上两种荷载作用下结构的顶点位移叠加，得

$$u_T = 0.184 + 0.00515 = 0.189 (\text{m})$$

故结构自振周期为

$$T_1 = 1.7 \psi_T \sqrt{u_T} = 1.7 \times 1.0 \times \sqrt{0.189} = 0.739 (\text{s})$$

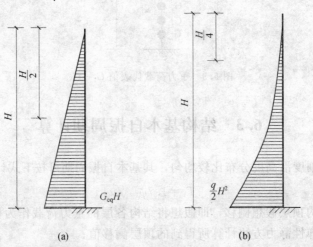

图 6.5　弯矩图

（a）顶点集中力作用下的弯矩图；（b）均布荷载作用下的弯矩图

6.4　地震作用计算

对于高度不超过 40m，以剪切变形为主且质量与刚度沿高度分布比较均匀的高层建筑结构，可采用底部剪力法。考虑到本例建筑高度只有 37.6m，采用底部剪力法进行计算。以下为本例地震作用的计算过程。

根据本例的场地类别为 II 类，设防烈度为 7 度，设计分组为第一组等条件，分别查 6.1 节中所提供的表，得 $T_g = 0.35\text{s}$，$\alpha_{max} = 0.08$，ζ 取为 0.05，则 $\eta_2 = 1.0$，$\gamma = 0.9$，有

$$\alpha = \left(\frac{T_g}{T} \right)^{\gamma} \eta_2 \alpha_{max} = \left(\frac{0.35}{0.7388} \right)^{0.9} \times 1.0 \times 0.08 = 0.041$$

结构的等效总重力荷载为

$$G_{eq} = 0.85 G_E = 0.85 \sum_{j=1}^{13} G_j = 0.85 \times (5765.43 \times 11 + 4833.948 + 609)$$
$$= 58533.28 (\text{kN})$$

结构底部剪力为

$$F_{EK} = \alpha_1 G_{eq} = 0.041 \times 58533.28 = 2390.5 (\text{kN})$$

根据表 6.2，因为

$$T_1 = 0.7387s > 1.4T_g = 1.4 \times 0.35 = 0.49 \text{ (s)}$$

故顶点附加地震作用系数为

$$\delta_n = 0.08T_1 + 0.07 = 0.08 \times 0.7387 + 0.07 = 0.1291$$

则顶点附加水平地震作用标准值为

$$\Delta F_n = \delta_n F_{EK} = 0.1291 \times 2390.5 = 308.6 \text{(kN)}$$

由下式计算各质点水平地震作用标准值，其计算结果见表 6.8 所示。

$$F_i = \frac{G_i H_i}{\sum\limits_{j=1}^{13} G_j H_j} F_{EK}(1 - \delta_n)$$

表 6.8　　　　　　　　　　　各质点水平地震作用标准值

质点	G_i	H_i	$G_i H_i$	F_i	$F_i H_i$
13	609	37.6	22898.4	38.114	1433.086
12	4833.948	33.6	162420.653	270.346	9083.64
11	5765.43	30.8	177575.244	295.571	9103.587
10	5765.43	28	161432.04	268.701	7523.625
9	5765.43	25.2	145288.836	241.831	6094.137
8	5765.43	22.4	129145.632	214.961	4815.126
7	5765.43	19.6	113002.428	188.091	3686.576
6	5765.43	16.8	96859.224	161.221	2708.505
5	5765.43	14	80716.02	134.350	1880.906
4	5765.43	11.2	64572.816	107.480	1203.78
3	5765.43	8.4	48429.612	80.610	677.126
2	5765.43	5.6	32286.408	53.740	300.945
1	5765.43	2.8	16143.204	26.870	75.236
总计	68862.678		1250770.517	2081.886	48586.27

由表 6.8 可得重力荷载代表值的设计值为

$$\sum_{i=1}^{n} G_i = 68862.678 \times 1.3 = 89521.48 \text{(kN)}$$

由水平地震作用产生的底部弯矩和底部剪力分别为

$$M_0 = \sum_{i=1}^{12} F_i H_i = 48586.27 - 1433.086 = 47153.184 \text{(kN)}$$

$$V_0 = \sum_{i=1}^{12} F_i = 2081.886 - 38.114 = 2043.77 \text{(kN)}$$

在以上计算中没有考虑作用在机房上的地震作用。由以上计算所得的 M_0 和 V_0，根据式（6-14）、式（6-15）将各质点的水平地震作用折算为倒三角形分布荷载和顶点集中荷载，其倒三角形荷载的最大荷载集度和顶点集中荷载分别为

$$q_{max} = 6(V_0 H - M_0 - M_1)/H^2$$

$$= 6 \times \frac{2043.772 \times 33.6 - 47153.184 - 152.456}{33.6^2}$$

$$= 113.55 \text{(kN/m)}$$

$$F = 3\frac{M_0 + M_1}{H} + (F_e + \Delta F_n) - 2V_0$$

$$= 3 \times \frac{47153.184 + 152.456}{33.6} + 346.714 - 4087.544$$

$$= 482.89(\text{kN})$$

图 6.6 为水平地震作用的转化示意图。

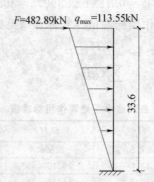

图 6.6　水平地震作用的转化

6.5　结构水平位移、刚重比和剪重比验算

6.5.1　结构水平位移验算

为便于计算，首先要将水平荷载等效地转换成三种典型形式（倒三角形荷载、均布荷载、顶点集中荷载），风荷载、水平地震作用的具体转换见本书第 5.1.2 节和第 6.1.3 节。

剪力墙结构在三种典型水平荷载作用下的顶点位移可按式（6-16）～式（6-18）计算。

均布荷载作用下任一点的位移：

$$y = \frac{1}{\lambda^4}\left[\left(\frac{\lambda\,\text{sh}\lambda + 1}{\text{ch}\lambda}\right)(\text{ch}\lambda\xi - 1) - \lambda\,\text{sh}\lambda\xi + \lambda^2\left(\xi - \frac{\xi^2}{2}\right)\right]\frac{qH^4}{E_c I_{eq}} \qquad (6-16)$$

倒三角形荷载作用下任一点的位移：

$$y = \frac{1}{\lambda^2}\left[\left(\frac{1}{\lambda^2} + \frac{\text{sh}\lambda}{2\lambda} - \frac{\text{sh}\lambda}{\lambda^3}\right)\left(\frac{\text{ch}\lambda\xi - 1}{\text{ch}\lambda}\right) + \left(\frac{1}{2} - \frac{1}{\lambda^2}\right)\left(\xi - \frac{\text{sh}\lambda\xi}{\lambda}\right) - \frac{\xi^3}{6}\right]\frac{q_{max}H^4}{E_c I_{eq}} \qquad (6-17)$$

顶点集中荷载作用下任一点的位移：

$$y = \frac{1}{\lambda^3}\left[(\text{ch}\lambda\xi - 1)\text{th}\lambda - \text{sh}\lambda\xi + \lambda\xi\right]\frac{FH^3}{E_c I_{eq}} \qquad (6-18)$$

式中　λ——结构刚度特征值；

　　　ξ——楼层相对高度。

结构在风荷载及地震荷载作用下的位移计算结果如表 6.9 所示。

在风荷载和多遇地震作用的影响下，为了保证主结构应处于弹性受力状态，避免过大的变形而影响正常使用、使填充墙和建筑装修出现裂缝、引起主体结构破坏、产生过大的附加内力等，《高层建筑混凝土结构技术规程》（JGJ 3—2010）规定了结构侧移变形的限

表 6.9　结构在风荷载及地震荷载作用下的位移计算

楼层	H_i/m	E_cI_{eq} /(×10⁷ kN·m²)	ξ	风荷载作用				水平地震作用下			
				倒三角荷载作用下 y_i/m	均布荷载作用下 y_i/m	总位移 y_i/m	Δu/m	倒三角形荷载作用下 y_i/m	顶点集中荷载作用下 y_i/m	总位移 y_i/m	Δu/m
12	33.6	176.2012	1	0.001543	0.002713	0.004255	0.000575	0.004991	0.002274	0.007264	0.000809
11	30.8	176.2012	0.9167	0.001378	0.002302	0.00368	0.000539	0.004459	0.001996	0.006455	0.000808
10	28	176.2012	0.8333	0.001213	0.001927	0.003141	0.000506	0.003926	0.001722	0.005647	0.000803
9	25.2	176.2012	0.75	0.001048	0.001587	0.002635	0.000474	0.003390	0.001454	0.004844	0.000791
8	22.4	176.2012	0.6667	0.000883	0.001278	0.002161	0.000440	0.002856	0.001197	0.004053	0.000768
7	19.6	176.2012	0.5833	0.00072	0.001001	0.001721	0.000403	0.002331	0.000955	0.003286	0.000731
6	16.8	176.2012	0.5	0.000564	0.000754	0.001318	0.000363	0.001824	0.000730	0.002555	0.000678
5	14	176.2012	0.4167	0.000417	0.000538	0.000955	0.000316	0.001348	0.000528	0.001876	0.000607
4	11.2	176.2012	0.3333	0.000284	0.000355	0.000639	0.000263	0.000917	0.000351	0.001269	0.000515
3	8.4	176.2012	0.25	0.000169	0.000206	0.000376	0.000201	0.000548	0.000206	0.000753	0.0004
2	5.6	176.2012	0.1667	0.000080	0.000095	0.000175	0.000129	0.000258	0.000095	0.000353	0.00026
1	2.8	176.2012	0.08333	0.000021	0.000025	0.000046	0.000046	0.000068	0.000025	0.000093	0.000093

制条件。高度不超过 150m 的常规高度高层建筑的整体弯曲变形相对影响较小，层间位移角 $\Delta u/h$ 的限值按不同的结构体系在 $1/1000\sim1/550$ 分别取值，具体限值规定见表 6.10。

表 6.10　　　　　　　　　　楼层层间最大位移与层高之比的限值

结构体系	$\Delta u/h$ 限制
框架	1/550
框架-剪力墙、框架-核心筒、板柱-剪力墙	1/800
筒中筒、剪力墙	1/1000
除框架结构外的转换层	1/1000

但当高度超过 150m 时，弯曲变形产生的侧移有较快增长，所以超过 250m 高度的建筑，层间位移角限值按 1/550 作为限值。150～250m 的高层建筑按线性插入考虑。

层间位移角 $\Delta u/h$ 的限值指最大层间位移与层高之比，第 i 层的 $\Delta u/h$ 指第 i 层和第 $i-1$ 层在楼层平面各处位移差中 $\Delta u_i = u_i - u_{i-1}$ 的最大值。由于高层建筑结构在水平力作用下几乎都会产生扭转，所以 Δu 的最大值一般在结构单元的边角部位。

利用表 6.11、表 6.12 的限值验算结构在风荷载及地震荷载作用下的位移如下。

表 6.11　　　　　　　　　　　　$\Delta u/h$ 的限值

结构类型		风荷载作用下	地震作用下
剪力墙	一般装修标准	1/900	1/800
	较高装修标准	1/1100	1/1000

表 6.12　　　　　　　　　　　　u/H 的限值

结构类型		风荷载作用下	地震作用下
剪力墙	一般装修标准	1/1000	1/900
	较高装修标准	1/1200	1/1100

风荷载作用下：

$$\frac{\Delta u}{h} = \frac{0.000575}{2.8} = \frac{1}{4870} < \left[\frac{\Delta u}{h}\right] = \frac{1}{900}$$

满足要求。

$$\frac{u}{H} = \frac{0.004255}{33.6} = \frac{1}{7897} < \left[\frac{u}{H}\right] = \frac{1}{1000}$$

满足要求。

水平地震作用下：

$$\frac{\Delta u}{h} = \frac{0.000809}{2.8} = \frac{1}{3461} < \left[\frac{\Delta u}{h}\right] = \frac{1}{800}$$

满足要求。

$$\frac{u}{H} = \frac{0.007264}{33.6} = \frac{1}{4626} < \left[\frac{u}{H}\right] = \frac{1}{900}$$

满足要求。

总位移：

$$\frac{\Delta u}{h} = \frac{0.000575 + 0.000809}{2.8} = \frac{1}{2023} < \left[\frac{\Delta u}{h}\right] = \frac{1}{1000}$$

6.5.2　刚重比和剪重比验算

结构的侧向刚度与重力荷载设计值之比称为刚重比。它是控制结构整体稳定性的重要因素，也是影响重力二阶效应的主要参数。该值如果不满足要求，则可能引起结构失稳倒塌，应当引起设计人员的足够重视。

剪重比 λ_i 是第 i 层总剪力和第 i 层以上上部结构重量比值，是抗震设计中非常重要的参数。规范之所以规定剪重比，主要是因为长期作用下，地震影响系数下降较快，由此计算出来的水平地震作用下的结构效应可能太小。而对于长周期结构，地震动作用下的地面加速度和位移可能对结构具有更大的破坏作用，但采用振型分解法时无法对此作出准确的计算。因此，出于安全考虑，规范规定了各楼层水平地震力的最小值，该值如果不满足要求，则说明结构有可能出现比较明显的薄弱部位，必须进行调整。

6.5.2.1　高层建筑结构的重力二阶效应

所谓重力二阶效应，一般包括两部分：一部分是由于构件自身挠曲引起的附加重力二阶效应，即 $P-\delta$ 效应，二阶内力与构件挠曲形态有关，一般中段大、端部为零；另一部分是结构在水平风荷载或水平地震作用下产生侧移变位后，重力荷载由于该侧移而引起的附加效应，即重力 $P-\Delta$ 效应。分析表明，对一般高层建筑结构而言，由于构件的长细比不大，其挠曲二阶效应的影响相对很小，一般可以忽略不计；由于结构侧移和重力荷载引起的 $P-\Delta$ 效应相对较为明显，可使结构的位移和内力增加，当位移较大时甚至导致结构失稳。因此，高层建筑混凝土结构的稳定设计，主要是控制、验算结构在风或地震作用下，重力荷载产生的 $P-\Delta$ 效应对结构性能降低的影响以及由此可引起的结构失稳。

高层建筑结构只要有水平侧移，就会引起重力荷载作用下的侧移二阶效应（$P-\Delta$ 效应），其大小与结构侧移和重力荷载自身大小直接相关，而结构侧移又与结构侧向刚度和水平作用大小密切相关。控制结构有足够的侧向刚度，宏观上有两个容易判断的指标：一是结构侧移应满足规范的位移限制条件，二是结构的楼层剪力与该层及其以上各层重力荷载代表值的比值（即楼层剪重比）应满足最小值规定。一般情况下，满足了这些规定，可基本保证结构的整体稳定性，且重力二阶效应的影响较小。对抗震设计的结构，楼层剪重比必须满足《高层建筑混凝土结构技术规程》（JGJ 3—2010）的规定；对于非抗震设计的结构，虽然《建筑结构荷载规范》（GB 50011—2010）规定基本风压的取值不得小于 0.3kN/m^2，可保证水平风荷载产生的楼层剪力不至于过小，但对楼层剪重比没有最小值规定。因此，对非抗震设计的高层建筑结构，当水平荷载较小时，虽然侧移满足楼层位移限制条件，但侧向刚度可能依然偏小，可能不满足结构整体稳定要求或重力二阶效应不能忽略。

6.5.2.2　结构等效侧向刚度的近似计算

结构的弹性等效侧向刚度 EJ_d，可近似按照倒三角形分布荷载作用下结构顶点位移相等的原则（见图 6.7），将结构的侧向刚度折算为竖向悬臂受弯构件的等效侧向刚度。

由 $u = \dfrac{11qH^4}{120EJ_d}$ 可得

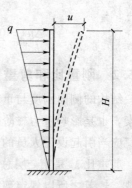

$$EJ_d = \frac{11qH^4}{120u} \qquad\qquad (6-19)$$

式中 EJ_d——结构的弹性等效侧向刚度；

       q——水平作用的倒三角形分布荷载的最大值；

       u——在最大值为 q 的倒三角形荷载作用下结构顶

            点质心的弹性水平位移；

       H——房屋高度。

6.5.2.3　刚重比验算

图 6.7　倒三角形荷载作用下
竖向悬臂受弯构件

剪力墙结构、框架-剪力墙结构和筒体结构考虑重力二阶效应，其侧移表示为

$$\Delta^* = \cfrac{1}{1 - \cfrac{\sum\limits_{i=1}^{n} G_i}{\left(\sum\limits_{i=1}^{n} G_i\right)_{cr}}} \Delta \qquad\qquad (6-20)$$

式中 Δ^*、Δ——分别为考虑 P-Δ 效应及不考虑 P-Δ 效应计算的结构侧移；

      $\sum\limits_{i=1}^{n} G_i$——各楼层重力荷载设计值之和。

又由于对于弯剪型悬臂杆，近似计算中，可用等效抗侧刚度 EJ_d 代替弯曲型悬臂杆的弯曲刚度 EJ。因此，作为临界荷载的近似计算公式，可对弯曲型和弯剪型悬臂杆统一表示为

$$\left(\sum_{j=1}^{n} G_j\right)_{cr} = 7.4 \frac{EJ_d}{H^2}$$

求内力时，将结构构件的弹性刚度考虑 0.5 倍的折减系数，则式（6-20）可写成如下形式：

$$\Delta^* = \cfrac{1}{1 - 0.14 \cfrac{(EJ_d)}{H^2 \sum\limits_{i=1}^{n} G_i}} \Delta \qquad\qquad (6-21)$$

式中 EJ_d——弯剪型结构的抗弯刚度。

因此，刚重比是影响重力二阶效应的主要参数。现将 $\dfrac{(\Delta^* - \Delta)}{\Delta}$ 与 $\dfrac{(EJ_d)}{H^2 \sum\limits_{i=1}^{n} G_i}$ 的关系表

示在图 6.8 中。

图 6.8 中，左侧平行于纵轴的直线为双曲线的渐近线，其方程为

$$\frac{(EJ_d)}{H^2 \sum\limits_{i=1}^{n} G_i} = 0.14 \qquad\qquad (6-22)$$

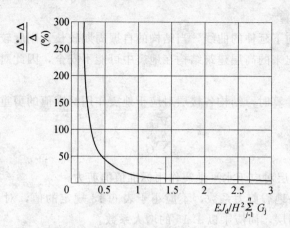

图 6.8　刚重比与 P-Δ 效应

由式（6-32）可以看出，当 $\dfrac{EJ_d}{H^2\sum\limits_{i=1}^{n}G_i}$ 趋近于 0.14 时，Δ^* 趋向于无穷大。式（6-22）为弯剪结构临界荷载的近似表达式。

从图 6.8 可以看出，P-Δ 效应随着结构刚重比的降低呈双曲线关系增加。当刚重比小于 1.4 时，P-Δ 效应迅速增加，甚至引起失稳。因此，为了保持剪力墙结构、框架-剪力墙结构和筒体结构的整体稳定，要求刚重比满足下式子：

$$\frac{EJ_d}{H^2\sum\limits_{i=1}^{n}G_i} \geqslant 1.4 \qquad (6-23)$$

由图 6.8 可见，对于剪力墙结构、框架-剪力墙结构和筒体结构，当刚重比大于 2.7 时，重力 P-Δ 效应导致的内力和位移增量在 5% 左右，即使考虑实际刚度折减 50% 时，结构内力和位移增量也控制在 10% 以内。因此，当结构刚重比满足以下条件时，重力二阶效应的影响可忽略不计：

$$\frac{EJ_d}{H^2\sum\limits_{i=1}^{n}G_i} \geqslant 2.7 \qquad (6-24)$$

由上可知，在最大值 $q_{max}=113.55\text{kN/m}$ 的倒三角形荷载作用下，结构顶点质心的弹性水平位移已由表 6.9 求得，其值为 $u=0.007264\text{m}$。

在本例中，结构等效侧向刚度为

$$EJ_d=\frac{11qH^4}{120u}=\frac{11\times113.55\times33.6^4}{120\times0.007264}=1.8263\times10^9\,(\text{kN}\cdot\text{m}^2)$$

刚重比为

$$\frac{EJ_d}{H^2\sum\limits_{i=1}^{n}G_i}=\frac{1.8263\times10^9}{33.6^2\times89521.48}=18.07>2.7$$

故刚重比满足要求，可不考虑重力二阶效应的不利影响。

6.5.2.4　剪重比验算

反应谱曲线是向下延伸的曲线，当结构的自振周期较长、刚度较弱时，所求得的地震剪力会较小，设计出来的高层建筑结构在地震中可能不安全，因此对高层建筑规定其最小的地震剪力。

水平地震作用计算时，结构各楼层对应于地震作用标准值的剪重比应符合下式：

$$\frac{V_{\text{EK}i}}{\sum\limits_{j=i}^{n} G_j} \geqslant \lambda \qquad\qquad (6-25)$$

式中　$V_{\text{EK}i}$——第 i 层对应于水平地震作用标准值的剪力；

　　　　λ——水平地震剪力系数，不应小于表 6.13 规定的值，对于竖向不规则结构的薄弱层，尚应乘以 1.15 的增大系数。

表 6.13　　　　　　　　　　　　　　　楼层最小地震剪力系数值

类别	7 度	8 度	9 度
扭转效应明显或基本周期小于 3.5s 的结构	0.016 (0.024)	0.032 (0.048)	0.064
基本周期大于 5.0s 的结构	0.012 (0.018)	0.024 (0.032)	0.040

注　1. 基本周期介于 3.5~5.0s 的结构，线性插入取值。
　　2. 7、8 度时括号内数值分别用于设计基本地震加速度为 0.15g 和 0.30g 的地区。

由于地震影响系数在长周期段下降较快，对于基本周期大于 3s 的结构，由此计算所得的水平地震作用下的结构效应可能偏小。对于长周期结构，地震地面运动速度和位移可能对结构的破坏具有更大影响，但是规范所采用的振型分解反应谱法尚无法对此作出估计。出于结构安全的考虑，增加了对各楼层地震剪力最小的要求，规定了不同烈度下的楼层剪重比，结构水平地震作用应据此进行相应的调整。对于竖向不规则结构的薄弱层的水平地震剪力应乘以 1.15 的增大系数，并应符合式（6-25）的规定，即楼层最小剪力系数不应小于 1.15λ。

扭转效应明显的结构，一般是指楼层最大水平位移（或层间位移）大于楼层平均水平位移（或层间位移）1.2 倍的结构。

对于本例的房屋，要求的楼层最小地震剪力系数值为 λ=0.016，地震作用下底部的总剪力标准值为 $V_{\text{EK}1}=F_{\text{EK}}=2390.5\text{kN}$，底层的重力荷载代表值 $\sum G_i = 68862.678\text{kN}$，则剪重比为

$$\frac{V_{\text{EK}1}}{\sum\limits_{i=1}^{n} G_i} = \frac{2390.5}{68862.678} = 0.0347 > 0.016$$

满足要求。

因此，结构水平地震剪力不必调整。

第7章 剪力墙的内力设计值计算

7.1 水平地震作用下结构内力设计值计算

作用在结构上的水平地震作用可以为自左向右（左震）或自右向左（右震）。在下面的计算中，剪力墙内力正负号规定为弯矩以截面右侧受拉为正，剪力以绕截面顺时针方向旋转为正，轴力以受压为正。并且，各截面内力均采用左震时的正负号。

倒三角形荷载作用下的设计值为 $q_{max}=1.3\times113.55=147.615(kN/m)$，顶点集中荷载作用下的设计值为 $F=1.3\times482.89=627.757(kN/m)$。

倒三角形荷载作用下，计算总剪力墙的弯矩、剪力和总壁式框架的剪力采用以下公式：

$$M_w=-\frac{E_c I_{eq}}{H^2}\frac{d^2 y}{d\xi^2}=\frac{q_{max}H^2}{\lambda^2}\left[\xi+\left(\frac{\lambda}{2}-\frac{1}{\lambda}\right)sh\lambda\xi-\left(1+\frac{\lambda sh\lambda}{2}-\frac{sh\lambda}{\lambda}\right)\frac{ch\lambda\xi}{ch\lambda}\right] \tag{7-1}$$

$$V_w=-\frac{E_c I_{eq}}{H^3}\frac{d^3 y}{d\xi^3}=-\frac{q_{max}H}{\lambda^2}\left[\left(\lambda+\frac{\lambda^2 sh\lambda}{2}-sh\lambda\right)\frac{sh\lambda\xi}{ch\lambda}-\left(\frac{\lambda^2}{2}-1\right)ch\lambda\xi-1\right] \tag{7-2}$$

$$V_f=\frac{C_f}{H}\frac{dy}{d\xi}=q_{max}H\left[\left(\frac{1}{\lambda}+\frac{sh\lambda}{2}-\frac{sh\lambda}{\lambda^2}\right)\frac{sh\lambda\xi}{ch\lambda}-\left(\frac{1}{2}-\frac{1}{\lambda^2}\right)(1-ch\lambda\xi)-\frac{\xi^2}{2}\right] \tag{7-3}$$

顶点集中荷载作用下，计算总剪力墙的弯矩、剪力和总壁式框架的剪力采用以下公式：

$$M_w=\frac{FH}{\lambda}\left[sh\lambda\xi-th\lambda ch\lambda\xi\right] \tag{7-4}$$

$$V_w=F\left[ch\lambda\xi-th\lambda sh\lambda\xi\right] \tag{7-5}$$

$$V_f=F\left[th\lambda sh\lambda\xi-ch\lambda\xi+1\right] \tag{7-6}$$

7.2 风荷载作用下结构内力计算

倒三角形风荷载设计值为 $q_{max}=1.4\times36.077=50.5(kN/m)$，均布风荷载设计值为 $q=1.4\times14.025=19.635(kN/m)$，在均布荷载作用下，计算总剪力墙的弯矩、剪力和总壁式框架的剪力采用以下公式：

$$M_w=-\frac{E_c I_{eq}}{H^2}\frac{d^2 y}{d\xi^2}=\frac{qH^2}{\lambda^2}\left[1+\lambda sh\lambda\xi-\left(\frac{\lambda sh\lambda+1}{ch\lambda}\right)ch\lambda\xi\right] \tag{7-7}$$

$$V_w=-\frac{E_c I_{eq}}{H^3}\frac{d^3 y}{d\xi^3}=qH\left[ch\lambda\xi-\left(\frac{\lambda sh\lambda+1}{\lambda ch\lambda}\right)sh\lambda\xi\right] \tag{7-8}$$

$$V_f=\frac{C_f}{H}\frac{dy}{d\xi}=qH\left[\left(\frac{\lambda sh\lambda+1}{\lambda ch\lambda}\right)sh\lambda\xi-ch\lambda\xi-\xi+1\right] \tag{7-9}$$

表 7.1 为水平地震作用下总剪力墙、总框架内力设计值，表 7.2 为风荷载作用下总剪力墙、总框架内力设计值。其中，$\xi = H_i/36$。

表 7.1　　　　　　　　　　水平地震作用下总剪力墙、总框架内力设计值

层次	H_i /m	ξ	倒三角荷载作用下			顶点集中力作用下			总内力		
			V_w /kN	M_w /(kN·m)	V_f /kN	V_w /kN	M_w /(kN·m)	V_f /kN	V_w /kN	M_w /(kN·m)	V_f /kN
12	33.6	1	−506.700	0	506.700	361.908	0	265.849	−144.792	0	772.549
11	30.8	0.917	−112.303	857.915	508.403	363.565	−1014.889	264.192	251.262	−156.974	772.595
10	28	0.833	246.596	662.018	511.161	368.553	−2039.072	259.204	615.149	−1377.054	770.365
9	25.2	0.75	573.284	−492.969	511.686	376.915	−3081.932	250.842	950.199	−3574.901	762.528
8	22.4	0.667	870.753	−2521.109	506.987	388.731	−4153.020	239.026	1259.483	−6674.129	746.014
7	19.6	0.583	1141.727	−5344.464	494.339	404.106	−5262.146	223.651	1545.833	−10606.610	717.990
6	16.8	0.5	1388.689	−8892.377	471.260	423.183	−6419.468	204.574	1811.872	−15311.844	675.834
5	14	0.417	1613.900	−13100.828	435.489	446.136	−7635.587	181.621	2060.036	−20736.414	617.110
4	11.2	0.333	1819.423	−17911.847	384.961	473.175	−8921.640	154.582	2292.598	−26833.487	539.543
3	8.4	0.25	2007.141	−23272.985	317.795	504.547	−10289.41	123.210	2511.688	−33562.392	441.005
2	5.6	0.167	2178.773	−29136.827	232.272	540.541	−11751.42	87.216	2719.314	−40888.245	319.488
1	2.8	0.083	2335.890	−35460.568	126.820	581.486	−13321.06	46.271	2917.376	−48781.627	173.091
0	0	0	2479.932	−42205.611	0	627.757	−15012.71	0	3107.689	−57218.320	0

表 7.2　　　　　　　　　　风荷载作用下总剪力墙、总框架内力设计值

层次	H_i /m	ξ	倒三角荷载作用下			均布荷载作用下			总内力		
			V_w /kN	M_w /(kN·m)	V_f /kN	V_w /kN	M_w /(kN·m)	V_f /kN	V_w /kN	M_w /(kN·m)	V_f /kN
12	33.6	1	−168.68	0	168.68	−91.791	0	91.791	−260.468	0	260.468
11	30.8	0.917	−37.385	285.594	169.24	−35.565	178.163	92.125	−72.9502	463.7572	261.369
10	28	0.833	82.0901	220.381	170.16	20.3349	199.47	92.785	102.425	419.8509	262.947
9	25.2	0.75	190.842	−164.11	170.34	76.4213	64.1143	93.259	267.2636	−99.9916	263.595
8	22.4	0.667	289.868	−839.26	168.77	133.208	−229.14	93.032	423.0753	−1068.4	261.805
7	19.6	0.583	380.073	−1779.1	164.56	191.214	−682.99	91.586	571.2872	−2462.12	256.148
6	16.8	0.5	462.285	−2960.2	156.88	250.972	−1301.6	88.388	713.2568	−4261.79	245.267
5	14	0.417	537.256	−4361.2	144.97	313.029	−2090.6	82.891	850.2845	−6451.75	227.862
4	11.2	0.333	605.673	−5962.7	128.15	377.952	−3057.2	74.528	983.6253	−9019.94	202.679
3	8.4	0.25	668.163	−7747.4	105.79	446.337	−4210.3	62.703	1114.5	−11957.8	168.495
2	5.6	0.167	725.298	−9699.4	77.322	518.811	−5560.5	46.789	1244.109	−15260	124.111
1	2.8	0.083	777.601	−11805	42.218	596.036	−7120.1	26.124	1373.637	−18924.7	68.3419
0	0	0	825.552	−14050	0	678.72	−8903.4	0	1504.272	−22953.4	0

7.3　各片剪力墙内力设计值计算

根据各片剪力墙的等效刚度与总剪力墙等效刚度的比值，将总剪力墙内力分配给各片剪力墙。表 7.3 为各片剪力墙等效刚度比，表 7.4 为水平地震作用下各片剪力墙分配的内力设计值，表 7.5 为风荷载作用下各片剪力墙分配的内力设计值。分配内力计算后分别计算各片剪力墙的墙肢及连梁内力设计值。

表 7.3　　　　　　　　　　　　　各片剪力墙等效刚度比

墙　号	数　量	每片墙等效刚度 /($\times 10^7$ kN·m^2)	总刚度 /($\times 10^7$ kN·m^2)	每片墙等效刚度比
YSW-2	2	10.3746		0.058879
YSW-3	7	3.8970		0.022117
YSW-4	4	9.8		0.055618
YSW-5	4	19.6661	175.95	0.111612
YSW-6	4	0.5650		0.003207
YSW-7	2	0.5011		0.003555
YSW-8	1	6.7956		0.038567

表 7.4　　　　　　　　　水平地震作用下各片剪力墙分配的内力设计值计算

层次	ξ	总剪力墙内力 V_w/kN	总剪力墙内力 M_w/(kN·m)	YSW-2 V_w/kN	YSW-2 M_w/(kN·m)	YSW-3 V_w/kN	YSW-3 M_w/(kN·m)	YSW-4 V_w/kN	YSW-4 M_w/(kN·m)
12	1	−144.792	0	−8.525	0	−3.202	0	−8.053	0
11	0.917	251.262	−156.974	14.794	−9.242	5.557	−3.472	13.975	−8.731
10	0.833	615.149	−1377.054	36.219	−81.080	13.605	−30.456	34.213	−76.589
9	0.75	950.199	−3574.901	55.947	−210.487	21.016	−79.066	52.848	−198.823
8	0.667	1259.483	−6674.129	74.157	−392.966	27.856	−147.612	70.050	−371.202
7	0.583	1545.833	−10606.610	91.017	−624.507	34.189	−234.586	85.976	−589.918
6	0.5	1811.872	−15311.844	106.681	−901.546	40.073	−338.652	100.773	−851.614
5	0.417	2060.036	−20736.414	121.293	−1220.939	45.562	−458.627	114.575	−1153.318
4	0.333	2292.598	−26833.487	134.989	−1579.929	50.705	−593.476	127.510	−1492.425
3	0.25	2511.688	−33562.392	147.886	−1976.120	55.551	−742.299	139.695	−1866.673
2	0.167	2719.314	−40888.247	160.111	−2407.459	60.143	−904.325	151.243	−2274.122
1	0.083	2917.376	−48781.627	171.772	−2872.213	64.524	−1078.903	162.259	−2713.137
0	0	3107.689	−57218.320	182.978	−3368.957	68.733	−1265.498	172.843	−3182.369

层次	ξ	YSW-5 V_w/kN	YSW-5 M_w/(kN·m)	YSW-6 V_w/kN	YSW-6 M_w/(kN·m)	YSW-7 V_w/kN	YSW-7 M_w/(kN·m)	YSW-8 V_w/kN	YSW-8 M_w/(kN·m)
12	1	−16.161	0	−0.464	0	−0.515	0	−5.584	0

层次	ξ	YSW-5 V_w/kN	YSW-5 M_w /(kN·m)	YSW-6 V_w/kN	YSW-6 M_w /(kN·m)	YSW-7 V_w/kN	YSW-7 M_w /(kN·m)	YSW-8 V_w/kN	YSW-8 M_w /(kN·m)
11	0.917	28.044	-17.520	0.80578	-0.503	0.893	-0.558	9.690	-6.054
10	0.833	68.658	-153.696	1.973	-4.416	2.187	-4.895	23.724	-53.109
9	0.75	106.054	-399.002	3.047	-11.465	3.378	-12.709	36.646	-137.873
8	0.667	140.574	-744.913	4.039	-21.404	4.477	-23.727	48.575	-257.401
7	0.583	172.534	-1183.825	4.957	-34.015	5.495	-37.706	59.618	-409.065
6	0.5	202.227	-1708.986	5.811	-49.105	6.441	-54.434	69.878	-590.532
5	0.417	229.925	-2314.433	6.607	-66.502	7.323	-73.718	79.449	-799.741
4	0.333	255.881	-2994.939	7.352	-86.055	8.150	-95.393	88.419	-1034.887
3	0.25	280.335	-3745.966	8.055	-107.635	8.929	-119.314	96.868	-1294.401
2	0.167	303.508	-4563.619	8.721	-131.129	9.667	-145.358	104.876	-1576.937
1	0.083	325.614	-5444.615	9.356	-156.443	10.371	-173.419	112.514	-1881.361
0	0	346.855	-6386.251	9.966	-183.499	11.048	-203.411	119.854	-2206.739

表 7.5　　　　　　　　　　风荷载作用下各片剪力墙分配的内力设计值计算

层次	ξ	总剪力墙内力 V_w/kN	总剪力墙内力 M_w /(kN·m)	YSW-2 V_w/kN	YSW-2 M_w /(kN·m)	YSW-3 V_w/kN	YSW-3 M_w /(kN·m)	YSW-4 V_w/kN	YSW-4 M_w /(kN·m)
12	1	-260.468	0	-15.34	0	-5.761	0	-14.49	0
11	0.917	-72.9502	463.7572	-4.295	27.3056	-1.613	10.2569	-4.057	25.7932
10	0.833	102.425	419.8509	6.0307	24.7204	2.2653	9.28584	5.6967	23.3513
9	0.75	267.2636	-99.9916	15.736	-5.88741	5.9111	-2.2115	14.865	-5.5613
8	0.667	423.0753	-1068.4	24.91	-62.9065	9.3572	-23.63	23.531	-59.422
7	0.583	571.2872	-2462.12	33.637	-144.967	12.635	-54.455	31.774	-136.94
6	0.5	713.2568	-4261.79	41.996	-250.93	15.775	-94.258	39.67	-237.03
5	0.417	850.2845	-6451.75	50.064	-379.873	18.806	-142.69	47.291	-358.83
4	0.333	983.6253	-9019.94	57.915	-531.085	21.755	-199.49	54.707	-501.67
3	0.25	1114.5	-11957.8	65.621	-704.06	24.649	-264.47	61.986	-665.07
2	0.167	1244.109	-15260	73.252	-898.491	27.516	-337.5	69.195	-848.73
1	0.083	1373.637	-18924.7	80.878	-1114.27	30.381	-418.56	76.399	-1052.6
0	0	1504.272	-22953.4	88.57	-1351.47	33.27	-507.66	83.665	-1276.6

层次	ξ	YSW-5 V_w/kN	YSW-5 M_w /(kN·m)	YSW-6 V_w/kN	YSW-6 M_w /(kN·m)	YSW-7 V_w/kN	YSW-7 M_w /(kN·m)	YSW-8 V_w/kN	YSW-8 M_w /(kN·m)
12	1	-29.071	0	-0.84	0	-0.926	0	-10.045	0
11	0.917	-8.1421	51.761	-0.23	1.487	-0.259	1.6487	-2.8135	17.886
10	0.833	11.4319	46.861	0.328	1.346	0.3641	1.4926	3.95023	16.192

层次	ξ	YSW－5		YSW－6		YSW－7		YSW－8	
		V_w/kN	M_w /(kN·m)	V_w/kN	M_w /(kN·m)	V_w/kN	M_w /(kN·m)	V_w/kN	M_w /(kN·m)
9	0.75	29.8298	−11.16	0.857	−0.32	0.9501	−0.355	10.3076	−3.856
8	0.667	47.2203	−119.2	1.357	−3.43	1.504	−3.798	16.3167	−41.21
7	0.583	63.7625	−274.8	1.832	−7.9	2.0309	−8.753	22.0328	−94.96
6	0.5	79.608	−475.7	2.287	−13.7	2.5356	−15.15	27.5082	−164.4
5	0.417	94.902	−720.1	2.727	−20.7	3.0228	−22.94	32.7929	−248.8
4	0.333	109.784	−1007	3.154	−28.9	3.4968	−32.07	37.9355	−347.9
3	0.25	124.392	−1335	3.574	−38.3	3.962	−42.51	42.9829	−461.2
2	0.167	138.857	−1703	3.99	−48.9	4.4228	−54.25	47.9815	−588.5
1	0.083	153.314	−2112	4.405	−60.7	4.8833	−67.28	52.9771	−729.9
0	0	167.895	−2562	4.824	−73.6	5.3477	−81.6	58.0153	−885.2

　　由于整体墙 YSW－3、YSW－6 和 YSW－8 的内力设计值不需进行调整，下面主要分别介绍水平地震作用下和风荷载作用下整体小开口墙 YSW－4、双肢墙 YSW－2 和壁式框架 YSW－1 的墙肢及连梁内力设计值计算过程。

7.3.1　整体小开口墙 YSW－4 墙肢及连梁内力设计值计算

7.3.1.1　水平地震作用下整体小开口墙 YSW－4 的墙肢及连梁内力设计值计算

　　1. YSW－4 的墙肢内力设计值

　　由于 $A_1=0.2\times2.5=0.5(\text{m}^2)$，$A_2=0.2\times3.1=0.62(\text{m}^2)$，$I_1=0.2605\text{m}^4$，$I_2=0.4965\text{m}^4$，$\sum I=0.7570\text{m}^4$，$I=4.5462\text{m}^4$，则

$$M_1=0.85M_w\frac{I_1}{I}+0.15M_w\frac{I_1}{\sum I}=0.1M_w$$

$$M_2=0.85M_w\frac{I_2}{I}+0.15M_w\frac{I_2}{\sum I}=0.1912M_w$$

$$V_1=\frac{V_w}{2}\left(\frac{A_1}{\sum A}+\frac{I_1}{\sum I}\right)=0.3953V_w$$

$$V_2=\frac{V_w}{2}\left(\frac{A_2}{\sum A}+\frac{I_2}{\sum I}\right)=0.6047V_w$$

$$N_1=0.85M_w\frac{A_1y_1}{I}=0.85\times\frac{0.5\times(3.298-1.25)}{4.5462}M_w=0.1915M_w$$

$$N_2=-N_1$$

　　2. 连梁内力设计值

$$V_{b1}=N_{k1}-N_{(k-1)1}$$

$$M_{b1}=V_{b1}\frac{l_{bj0}}{2}=\frac{0.9}{2}V_{b1}=0.45V_{b1}$$

水平地震作用下整体小开口墙 YSW - 4 的墙肢及连梁内力设计值计算结果分别如表 7.6 和表 7.7 所示。

表 7.6　　　　水平地震作用下整体小开口墙 YSW - 4 的墙肢内力设计值计算

楼层	YSW - 4 总内力		墙肢 1 内力			墙肢 2 内力		
	V_w/kN	M_w /(kN·m)	V_1/kN	M_1 /(kN·m)	N_1/kN	V_2/kN	M_2 /(kN·m)	N_2/kN
12	−8.053	0	−3.183	0	0	−4.870	0	0
11	13.975	−8.731	5.524	−0.873	−1.67	8.451	−1.669	1.672
10	34.213	−76.589	13.524	−7.659	−14.667	20.689	−14.644	14.667
9	52.848	−198.823	20.891	−19.882	−38.075	31.957	−38.015	38.075
8	70.050	−371.202	27.691	−37.120	−71.085	42.359	−70.974	71.085
7	85.976	−589.918	33.986	−58.992	−112.969	51.990	−112.792	112.969
6	100.773	−851.614	39.836	−85.161	−163.084	60.937	−162.829	163.084
5	114.575	−1153.318	45.292	−115.332	−220.86	69.284	−220.514	220.860
4	127.510	−1492.425	50.405	−149.243	−285.799	77.105	−285.352	285.799
3	139.695	−1866.673	55.221	−186.667	−357.468	84.474	−356.908	357.468
2	151.243	−2274.122	59.786	−227.412	−435.494	91.457	−434.812	435.494
1	162.259	−2713.137	64.141	−271.314	−519.566	98.118	−518.752	519.566
0	172.843	−3182.369	68.325	−318.237	−609.424	104.518	−608.469	609.424

表 7.7　　　　水平地震作用下整体小开口墙 YSW - 4 的连梁内力设计值计算

楼层	ξ	YSW - 4 总内力		墙肢 1 内力			连梁内力	
		V_w/kN	M_w /(kN·m)	V_1/kN	M_1 /(kN·m)	N_1/kN	V_b/kN	M_b /(kN·m)
12	1	−8.053	0	−3.183	0	0	1.672	0.7524
11	0.917	13.975	−8.731	5.524	−0.873	−1.67	12.995	5.8477
10	0.833	34.213	−76.589	13.524	−7.659	−14.667	23.408	10.534
9	0.75	52.848	−198.823	20.891	−19.882	−38.075	33.011	14.855
8	0.667	70.050	−371.202	27.691	−37.120	−71.085	41.884	18.848
7	0.583	85.976	−589.918	33.986	−58.992	−112.969	50.115	22.552
6	0.5	100.773	−851.614	39.836	−85.161	−163.084	57.776	25.999
5	0.417	114.575	−1153.318	45.292	−115.332	−220.86	64.939	29.223
4	0.333	127.510	−1492.425	50.405	−149.243	−285.799	71.668	32.251
3	0.25	139.695	−1866.673	55.221	−186.667	−357.468	78.026	35.112
2	0.167	151.243	−2274.122	59.786	−227.412	−435.494	84.071	37.832
1	0.083	162.259	−2713.137	64.141	−271.314	−519.566	89.858	40.436
0	0	172.843	−3182.369	68.325	−318.237	−609.424		

注　$\xi = H_i/36$。

7.3.1.2　风荷载作用下整体小开口墙 YSW-4 的墙肢及连梁内力设计值计算

1. YSW-4 的墙肢内力设计值

由于 $A_1 = 0.2 \times 2.5 = 0.5(\text{m}^2)$，$A_2 = 0.2 \times 3.1 = 0.62(\text{m}^2)$，$I_1 = 0.2605\text{m}^4$，$I_2 = 0.4965\text{m}^4$，$\sum I = 0.7570\text{m}^4$，$I = 4.5462\text{m}^4$，则

$$M_1 = 0.85M_w \frac{I_1}{I} + 0.15M_w \frac{I_1}{\sum I} = 0.1M_w$$

$$M_2 = 0.85M_w \frac{I_2}{I} + 0.15M_w \frac{I_2}{\sum I} = 0.1912M_w$$

$$V_1 = \frac{V_w}{2}\left(\frac{A_1}{\sum A} + \frac{I_1}{\sum I}\right) = 0.3953V_w$$

$$V_2 = \frac{V_w}{2}\left(\frac{A_2}{\sum A} + \frac{I_2}{\sum I}\right) = 0.6047V_w$$

$$N_1 = 0.85M_w \frac{A_1 y_1}{I} = 0.85 \times \frac{0.5 \times (3.298 - 1.25)}{4.5462}M_w = 0.1915M_w$$

$$N_2 = -N_1$$

2. 连梁内力设计值

$$V_{b1} = N_{k1} - N_{(k-1)1}$$

$$M_{b1} = V_{b1}\frac{l_{bj0}}{2} = \frac{0.9}{2}V_{b1} = 0.45V_{b1}$$

风荷载作用下整体小开口墙 YSW-4 的墙肢及连梁内力设计值计算结果分别如表 7.8 和表 7.9 所示。

表 7.8　　　　风荷载作用下整体小开口墙 YSW-4 的墙肢内力设计值计算

楼层	ξ	YSW-4 总内力		墙肢 1 内力			墙肢 2 内力		
		V_w/kN	M_w $/(\text{kN}\cdot\text{m})$	V_1/kN	M_1 $/(\text{kN}\cdot\text{m})$	N_1/kN	V_2/kN	M_2 $/(\text{kN}\cdot\text{m})$	N_2/kN
12	1	−14.49	0	−5.727	0	0	−8.76	0	0
11	0.917	−4.057	25.793	−1.604	2.5793	4.939	−2.453	4.932	−4.939
10	0.833	5.697	23.351	2.2519	2.3351	4.472	3.445	4.465	−4.472
9	0.75	14.865	−5.561	5.876	−0.556	−1.065	8.9887	−1.063	1.065
8	0.667	23.531	−59.422	9.3016	−5.942	−11.379	14.229	−11.36	11.379
7	0.583	31.774	−136.94	12.56	−13.69	−26.224	19.214	−26.18	26.224
6	0.5	39.67	−237.03	15.682	−23.7	−45.392	23.988	−45.32	45.392
5	0.417	47.291	−358.83	18.694	−35.88	−68.717	28.597	−68.61	68.717
4	0.333	54.707	−501.67	21.626	−50.17	−96.07	33.081	−95.92	96.07
3	0.25	61.986	−665.07	24.503	−66.51	−127.36	37.483	−127.2	127.36
2	0.167	69.195	−848.73	27.353	−84.87	−162.53	41.842	−162.3	162.53
1	0.083	76.399	−1052.6	30.201	−105.3	−201.56	46.198	−201.2	201.56
0	0	83.665	−1276.6	33.073	−127.7	−244.47	50.592	−244.1	244.47

表 7.9　　　　　　　　　风荷载作用下整体小开口墙 YSW-4 的连梁内力设计值计算

楼层	ξ	YSW-4 总内力		墙肢 1 内力			连梁内力	
		V_w/kN	M_w/(kN·m)	V_1/kN	M_1/(kN·m)	N_1/kN	V_b/kN	M_b/(kN·m)
12	1	−14.49	0	−5.727	0	0	−4.94	−2.22
11	0.917	−4.057	25.793	−1.604	2.5793	4.939	0.468	0.21
10	0.833	5.697	23.351	2.2519	2.3351	4.472	5.537	2.492
9	0.75	14.865	−5.561	5.876	−0.556	−1.065	10.31	4.641
8	0.667	23.531	−59.422	9.3016	−5.942	−11.379	14.84	6.68
7	0.583	31.774	−136.94	12.56	−13.69	−26.224	19.17	8.626
6	0.5	39.67	−237.03	15.682	−23.7	−45.392	23.32	10.5
5	0.417	47.291	−358.83	18.694	−35.88	−68.717	27.35	12.31
4	0.333	54.707	−501.67	21.626	−50.17	−96.07	31.29	14.08
3	0.25	61.986	−665.07	24.503	−66.51	−127.36	35.17	15.83
2	0.167	69.195	−848.73	27.353	−84.87	−162.53	39.03	17.56
1	0.083	76.399	−1052.6	30.201	−105.3	−201.56	42.91	19.31
0	0	83.665	−1276.6	33.073	−127.7	−244.47		

7.3.2　双肢墙 YSW-2 墙肢及连梁内力设计值计算

7.3.2.1　水平地震作用下双肢墙 YSW-2 的墙肢及连梁内力设计值计算

1. 将曲线分布剪力墙图近似转化为直线分布

图 7.1 为双肢墙 YSW-2 沿高度分布的剪力图，根据剪力图面积相等的原则将曲线分布的剪力图近似简化成直线分布的剪力图，并分解为顶点集中荷载作用下和均布荷载作用下两种剪力的叠加，如图 7.2 所示。

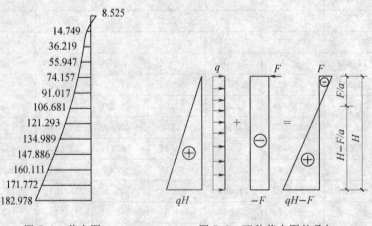

图 7.1　剪力图　　　　　　图 7.2　两种剪力图的叠加

易求得剪力图负面积为 4.363kN·m，正面积为

$$\frac{14.794}{2}\times(2.8-1.0236)+\frac{14.794+36.291}{2}\times2.8+\frac{36.291+55.947}{2}\times2.8+\cdots+$$

$$\frac{171.772+182.978}{2}\times2.8$$

$$=3370.222(\text{kN}\cdot\text{m})$$

由图 7.2 可知如下两式成立：

$$\frac{F}{2}\times\frac{F}{q}=4.363$$

$$\frac{1}{2}(qH-F)\times\left(H-\frac{F}{q}\right)=3370.222$$

联立求解，得

$$F=\left(1+\sqrt{\frac{3370.222}{4.363}}\right)\times\frac{2\times4.363}{33.6}=7.48(\text{kN})$$

$$q=\frac{7.48^2}{2\times4.363}=6.4(\text{kN/m})$$

2. 双肢墙 YSW - 2 在均布荷载作用下（$q=6.4\text{kN/m}$）墙肢及连梁内力设计值计算

（1）连梁对墙肢的约束弯矩设计值。由 YSW - 2 的刚度计算可知，$\alpha_1^2=22.587$，$\alpha^2=79.21$，则

$$\phi(\xi)=-\frac{\text{ch}\alpha(1-\xi)}{\text{ch}\alpha}+\frac{\text{sh}\alpha\xi}{\alpha\text{ch}\alpha}+(1-\xi)$$

$$=-\frac{\text{ch}8.9(1-\xi)}{\text{ch}8.9}+\frac{\text{sh}8.9\xi}{8.9\times\text{ch}8.9}+(1-\xi)$$

$$V_0=qH=6.4\times33.6=215.04(\text{kN})$$

第 i 层连梁的约束弯矩为

$$m_i(\xi)=\phi(\xi)\frac{\alpha_1^2}{\alpha^2}V_0h=\phi(\xi)\times\frac{22.587}{79.21}\times215.04\times2.8=171.694\phi(\xi)$$

（2）连梁内力设计值。

第 i 层连梁的剪力和梁端弯矩分别为

$$V_b=m_i(\xi)\frac{h}{a}=171.694\phi(\xi)\times\frac{2.8}{3.85}=124.868\phi(\xi)$$

$$M_b=V_b\frac{l_b}{2}=124.868\phi(\xi)\times\frac{1.15}{2}=71.8\phi(\xi)$$

（3）墙肢内力设计值。

均布荷载在 i 层产生的弯矩和剪力分别为

$$M_p(\xi)=\frac{1}{2}(1-\xi)^2qH^2=\frac{1}{2}(1-\xi)^2\times6.4\times33.6^2=3612.672(1-\xi)^2$$

$$V_p(\xi)=(1-\xi)qH=(1-\xi)\times6.4\times33.6=215.04(1-\xi)$$

两墙肢的折算惯性矩为

$$I'_1 = \frac{I_1}{1 + \dfrac{30\mu I_1}{A_1 h^2}} = \frac{2.7729}{1 + \dfrac{30 \times 1.2 \times 2.7729}{1.1 \times 2.8^2}} = 0.2205$$

$$I'_2 = \frac{I_2}{1 + \dfrac{30\mu I_2}{A_2 h^2}} = \frac{0.0011}{1 + \dfrac{30 \times 1.2 \times 0.0011}{0.08 \times 2.8^2}} = 0.001035$$

两墙肢的弯矩,剪力和轴力分别为

$$
\begin{aligned}
M_1 &= -\frac{I_1}{I_1 + I_2}\Big[M_p(\xi) - \sum_{i=1}^{12} m_i(\xi)\Big] \\
&= -\frac{2.7729}{2.7740}\Big[M_p(\xi) - \sum_{i=1}^{12} m_i(\xi)\Big] \\
&= -0.9996\Big[M_p(\xi) - \sum_{i=1}^{12} m_i(\xi)\Big]
\end{aligned}
$$

$$
\begin{aligned}
M_2 &= -\frac{I_2}{I_1 + I_2}\Big[M_p(\xi) - \sum_{i=1}^{12} m_i(\xi)\Big] \\
&= -\frac{0.0011}{2.7740}\Big[M_p(\xi) - \sum_{i=1}^{12} m_i(\xi)\Big] \\
&= -0.0004\Big[M_p(\xi) - \sum_{i=1}^{12} m_i(\xi)\Big]
\end{aligned}
$$

$$V_1 = \frac{I'_1}{I'_1 + I'_2} V_p(\xi) = \frac{0.2205}{0.2205 + 0.001035} V_p(\xi) = 0.9953 V_p(\xi)$$

$$V_2 = \frac{I'_2}{I'_1 + I'_2} V_p(\xi) = \frac{0.001035}{0.2205 + 0.001035} V_p(\xi) = 0.0047 V_p(\xi)$$

$$N_1 = \sum_{i=1}^{12} V_b,\ N_2 = -N_1$$

双肢墙 YSW - 2 在均布荷载($q = 6.4\text{kN/m}$)作用下连梁内力和墙肢内力计算结果分布如表 7.10 和表 7.11 所示。

表 7.10　　　双肢墙 YSW - 2 在均布荷载($q = 6.4\text{kN/m}$)作用下的连梁内力计算

楼层	H_i/m	ξ	$\phi(\xi)$	$m_i(\xi)$ /(kN·m)	$\sum\limits_{i=1}^{12} m_i(\xi)$ /(kN·m)	连梁内力	
						V_b/kN	M_b /(kN·m)
12	33.6	1	0.112	19.2446	19.2446	13.9961	8.0478
11	30.8	0.917	0.137	23.4364	42.681	17.0446	9.8008
10	28	0.833	0.192	32.884	75.565	23.9156	13.752
9	25.2	0.75	0.261	44.7891	120.354	32.5738	18.73
8	22.4	0.667	0.336	57.7682	178.122	42.0131	24.158
7	19.6	0.583	0.414	71.0565	249.179	51.6773	29.715
6	16.8	0.5	0.49	84.0669	333.246	61.1394	35.156
5	14	0.417	0.559	96.0523	429.298	69.856	40.168
4	11.2	0.333	0.615	105.676	534.974	76.8548	44.192
3	8.4	0.25	0.642	110.24	645.214	80.1743	46.101
2	5.6	0.167	0.607	104.135	749.349	75.7346	43.548
1	2.8	0.083	0.44	75.6093	824.958	54.9884	31.619

注　$\xi = H_i / 36$。

表 7. 11　　　双肢墙 YSW - 2 在均布荷载（$q=6.4\mathrm{kN/m}$）作用下的墙肢内力计算

楼 层		M_p /(kN·m)	V_p/kN	墙肢 1 内力			墙肢 2 内力		
				M_1 /(kN·m)	V_1/kN	N_1/kN	M_2 /(kN·m)	V_2/kN	N_2/kN
12	顶	0	0	19.24	0	13.996	0.0077	0	−13.996
	底	25.088	17.92	−5.84	17.836		−0.002	0.084	
11	顶	25.088	17.92	17.59	17.836	31.041	0.007	0.084	−31.041
	底	100.352	35.84	−57.65	35.672		−0.023	0.168	
10	顶	100.352	35.84	−24.78	35.672	54.956	−0.01	0.168	−54.956
	底	225.792	53.76	−150.17	53.507		−0.06	0.253	
9	顶	225.792	53.76	−105.4	53.507	87.53	−0.042	0.253	−87.53
	底	401.408	71.68	−280.94	71.343		−0.112	0.337	
8	顶	401.408	71.68	−223.2	71.343	129.543	−0.089	0.337	−129.54
	底	627.2	89.6	−448.9	89.179		−0.18	0.421	
7	顶	627.2	89.6	−377.87	89.179	181.22	−0.151	0.421	−181.22
	底	903.168	107.52	−653.73	107.01		−0.262	0.505	
6	顶	903.168	107.52	−569.69	107.01	242.36	−0.228	0.505	−242.36
	底	1229.312	125.44	−895.71	124.85		−0.358	0.59	
5	顶	1229.312	125.44	−799.69	124.85	312.216	−0.32	0.59	−312.22
	底	1605.632	143.36	−1175.9	142.69		−0.471	0.674	
4	顶	1605.632	143.36	−1070.2	142.69	389.071	−0.428	0.674	−389.07
	底	2032.128	161.28	−1496.6	160.52		−0.599	0.758	
3	顶	2032.128	161.28	−1386.4	160.52	469.245	−0.555	0.758	−469.24
	底	2508.8	179.2	−1862.8	178.36		−0.745	0.842	
2	顶	2508.8	179.2	−1758.7	178.36	544.98	−0.704	0.842	−544.98
	底	3035.648	197.12	−2285.4	196.19		−0.915	0.926	
1	顶	3035.648	197.12	−2209.8	196.19	599.968	−0.884	0.926	−599.97
	底	3612.672	215.04	−2786.6	214.03		−1.115	1.011	

3. 双肢墙 YSW - 2 在顶点集中荷载（$F=-7.48\mathrm{kN}$）作用下墙肢及连梁内力设计值计算

（1）连梁对墙肢的约束弯矩设计值。

由 YSW - 2 的刚度计算可知，$\alpha_1^2=22.587$，$\alpha^2=79.21$，则

$$\phi(\xi)=\frac{\mathrm{sh}\alpha}{\mathrm{ch}\alpha}\mathrm{sh}\alpha\xi-\mathrm{ch}\alpha\xi+1=\frac{\mathrm{sh}8.9}{\mathrm{ch}8.9}\mathrm{sh}8.9\xi-\mathrm{ch}8.9\xi+1$$

$$V_0=F=-7.48\mathrm{kN}$$

第 i 层连梁的约束弯矩：

$$m_i(\xi)=\phi(\xi)\frac{\alpha_1^2}{\alpha^2}V_0h=\phi(\xi)\times\frac{22.587}{79.21}\times(-7.48)\times2.8=-5.9723\phi(\xi)$$

（2）连梁内力设计值。

连梁的剪力和梁端弯矩分别为

$$V_b = m_i(\xi)\frac{h}{a} = -5.9723\phi(\xi) \times \frac{2.8}{3.85} = -4.343\phi(\xi)$$

$$M_b = V_b\frac{l_b}{2} = m_i(\xi)\frac{h}{a} = -4.343\phi(\xi) \times \frac{1.15}{2} = -2.50\phi(\xi)$$

（3）墙肢内力设计值。

顶点集中荷载在第 i 层产生的弯矩和剪力为

$$M_p(\xi) = (1-\xi)FH = (1-\xi) \times (-7.48) \times 33.6 = -251.328(1-\xi)$$

$$V_p(\xi) = F = -7.48\text{kN}$$

则两墙肢的弯矩和剪力为

$$M_1 = -\frac{I_1}{I_1+I_2}\Big[M_p(\xi) - \sum_{i=1}^{12}m_i(\xi)\Big]$$

$$= -\frac{2.7729}{2.7740}\Big[M_p(\xi) - \sum_{i=1}^{12}m_i(\xi)\Big]$$

$$= -0.9996\Big[M_p(\xi) - \sum_{i=1}^{12}m_i(\xi)\Big]$$

$$M_2 = -\frac{I_2}{I_1+I_2}\Big[M_p(\xi) - \sum_{i=1}^{12}m_i(\xi)\Big]$$

$$= -\frac{0.0011}{2.7740}\Big[M_p(\xi) - \sum_{i=1}^{12}m_i(\xi)\Big]$$

$$= -0.0004\Big[M_p(\xi) - \sum_{i=1}^{12}m_i(\xi)\Big]$$

$$V_1 = \frac{I_1'}{I_1'+I_2'}V_p(\xi) = \frac{0.2205}{0.2205+0.001035}V_p(\xi) = 0.9953 \times (-7.48) = -7.445(\text{kN})$$

$$V_2 = \frac{I_2'}{I_1'+I_2'}V_p(\xi) = \frac{0.001035}{0.2205+0.001035}V_p(\xi) = 0.0047 \times (-7.48) = -0.035(\text{kN})$$

$$N_1 = \sum_{i=1}^{12}V_b, \quad N_2 = -N_1$$

双肢墙 YSW-2 在顶点集中荷载（$F=-7.48\text{kN}$）作用下连梁内力和墙肢内力计算结果如表 7.12 和表 7.13 所示。

表 7.12　双肢墙 YSW-2 在顶点集中荷载（$F=-7.48\text{kN}$）作用下的连梁内力计算

楼　层	ξ	$\phi(\xi)$	$m_i(\xi)$ /(kN·m)	$\sum_{i=1}^{12}m_i(\xi)$ /(kN·m)	连梁内力	
					V_b/kN	M_b/(kN·m)
12	1	0.99973	-5.9707	-5.9707	-4.342	-2.499
11	0.917	0.99965	-5.9702	-11.941	-4.341	-2.499
10	0.833	0.99937	-5.9685	-17.909	-4.34	-2.498
9	0.75	0.99872	-5.9647	-23.874	-4.337	-2.497
8	0.667	0.99734	-5.9564	-29.831	-4.331	-2.493
7	0.583	0.99443	-5.9391	-35.77	-4.319	-2.486

续表

楼层	ξ	$\phi(\xi)$	$m_i(\xi)$ /(kN·m)	$\sum_{i=1}^{12} m_i(\xi)$ /(kN·m)	连梁内力	
					V_b/kN	M_b/(kN·m)
6	0.5	0.98832	−5.9025	−41.672	−4.292	−2.471
5	0.417	0.97548	−5.8259	−47.498	−4.237	−2.439
4	0.333	0.94853	−5.6649	−53.163	−4.119	−2.371
3	0.25	0.89193	−5.3269	−58.49	−3.874	−2.23
2	0.167	0.77312	−4.6173	−63.107	−3.358	−1.933
1	0.083	0.52368	−3.1276	−66.235	−2.274	−1.309

表 7.13　双肢墙 YSW - 2 在顶点集中荷载($F=-7.48$kN)作用下的墙肢内力计算

楼层		M_p /(kN·m)	V_p/kN	墙肢1内力			墙肢 2 内力		
				M_1 /(kN·m)	V_1/kN	N_1/kN	M_2 /(kN·m)	V_2/kN	N_2/kN
12	顶	0	−7.48	−5.968	−7.445	−4.342	−0	−0.035	4.342
	底	−20.944		20.936			0.008		
11	顶	−20.944	−7.48	8.9995	−7.445	−8.683	0.004	−0.035	8.683
	底	−41.888		41.871			0.017		
10	顶	−41.888	−7.48	23.969	−7.445	−13.024	0.01	−0.035	13.024
	底	−62.832		62.807			0.025		
9	顶	−62.832	−7.48	38.942	−7.445	−17.361	0.016	−0.035	17.361
	底	−83.776		83.742			0.034		
8	顶	−83.776	−7.48	53.924	−7.445	−21.692	0.022	−0.035	21.692
	底	−104.72		104.68			0.042		
7	顶	−104.72	−7.48	68.923	−7.445	−26.011	0.028	−0.035	26.011
	底	−125.664		125.61			0.05		
6	顶	−125.664	−7.48	83.958	−7.445	−30.304	0.034	−0.035	30.304
	底	−146.608		146.55			0.059		
5	顶	−146.608	−7.48	99.07	−7.445	−34.540	0.04	−0.035	34.540
	底	−167.552		167.48			0.067		
4	顶	−167.552	−7.48	114.34	−7.445	−38.660	0.046	−0.035	38.660
	底	−188.496		188.42			0.075		
3	顶	−188.496	−7.48	129.95	−7.445	−42.017	0.052	−0.035	42.017
	底	−209.44		209.36			0.084		
2	顶	−209.44	−7.48	146.27	−7.445	−45.375	0.059	−0.035	45.375
	底	−230.384		230.29			0.092		
1	顶	−230.384	−7.48	164.08	−7.445	−47.649	0.066	−0.035	47.649
	底	−251.328		251.23			0.101		

将水平地震作用下双肢墙 YSW-2 在均布荷载（$q=6.4\text{kN/m}$）作用下和顶点集中荷载（$F=-7.48\text{kN}$）作用下连梁内力和墙肢内力设计值进行叠加，即可得到水平地震作用下双肢墙 YSW-2 的墙肢及连梁内力设计值，叠加结果如表 7.14 所示。

表 7.14　　　　　水平地震作用下双肢墙 YSW-2 的墙肢及连梁内力设计值

楼层		墙肢1内力			墙肢2内力			连梁内力	
		M_1 /(kN·m)	V_1/kN	N_1/kN	M_2 /(kN·m)	V_2/kN	N_2/kN	V_b/kN	M_b /(kN·m)
12	顶	13.2686	−7.445	9.654	0.005	−0.035	−9.654	9.654	5.549
	底	15.0946	10.391		0.006	0.0492			
11	顶	26.5855	10.391	22.357	0.011	0.0492	−22.357	12.7	7.032
	底	−15.777	28.227		−0.01	0.1334			
10	顶	−0.808	28.227	41.933	−0	0.1334	−41.933	19.58	11.25
	底	−87.36	46.062		−0.03	0.2177			
9	顶	−66.453	46.062	70.169	−0.03	0.2177	−70.169	28.24	16.23
	底	−197.2	63.898		−0.08	0.3019			
8	顶	−169.27	63.898	107.851	−0.07	0.3019	−107.851	37.68	21.66
	底	−344.22	81.734		−0.14	0.3861			
7	顶	−308.95	81.734	155.209	−0.12	0.3861	−155.209	47.36	27.23
	底	−528.11	99.57		−0.21	0.4703			
6	顶	−485.74	99.57	212.056	−0.19	0.4703	−212.056	56.85	32.68
	底	−749.16	117.41		−0.3	0.5546			
5	顶	−700.62	117.41	277.676	−0.28	0.5546	−277.676	65.62	37.73
	底	−1008.4	135.24		−0.4	0.6388			
4	顶	−955.89	135.24	350.411	−0.38	0.6388	−350.411	72.74	41.82
	底	−1308.1	153.08		−0.52	0.723			
3	顶	−1256.4	153.08	427.228	−0.5	0.723	−427.228	76.3	43.87
	底	−1653.5	170.91		−0.66	0.8072			
2	顶	−1612.5	170.91	499.605	−0.65	0.8072	−499.605	72.38	41.62
	底	−2055.1	188.75		−0.82	0.8915			
1	顶	−2045.7	188.75	552.319	−0.82	0.8915	−552.319	52.71	30.31
	底	−2535.4	206.58		−1.01	0.9757			

7.3.2.2　风荷载作用下双肢墙 YSW-2 的墙肢及连梁内力设计值计算

1. 将曲线分布剪力墙图近似转化为直线分布

图 7.3 为双肢墙 YSW-2 沿高度分布的剪力图，根据剪力图面积相等的原则将曲线分布的剪力图近似简化成直线分布的剪力图，并分解为均布荷载作用和顶点集中荷载作用下的剪力的叠加。

由图易得实际分布的剪力图负面积为 30kN·m，剪力图正面积为

$$\frac{6.0307}{2}\times(2.8-1.165)+\frac{6.0307+15.736}{2}\times2.8$$

$$+\frac{15.736+24.91}{2}\times2.8+\cdots$$

$$+\frac{73.252+80.878}{2}\times2.8+\frac{80.878+88.57}{2}\times2.8$$

$$=1380.6(\text{kN}\cdot\text{m})$$

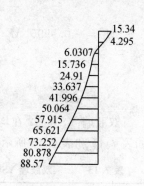

图 7.3　实际剪力图

根据简化前后的剪力图面积相等的条件，可得

$$\frac{F}{2}\times\frac{F}{q}=30$$

$$\frac{1}{2}(qH-F)\times\left(H-\frac{F}{q}\right)=1380.6$$

联立求解，得

$$F=(1+\sqrt{\frac{1380.6}{30}})\times\frac{2\times30}{33.6}=13.9(\text{kN})$$

$$q=\frac{13.9^2}{2\times30}=3.22(\text{kN/m})$$

2. 双肢墙 YSW-2 在均布荷载作用下墙肢及连梁内力设计值计算

（1）连梁对墙肢的约束弯矩设计值。

由 YSW-2 的刚度计算可知，$\alpha_1^2=22.587$，$\alpha^2=79.21$，则

$$\phi(\xi)=-\frac{\text{ch}\alpha(1-\xi)}{\text{ch}\alpha}+\frac{\text{sh}\alpha\xi}{\alpha\,\text{ch}\alpha}+(1-\xi)$$

$$=-\frac{\text{ch}8.9(1-\xi)}{\text{ch}8.9}+\frac{\text{sh}8.9\xi}{8.9\times\text{ch}8.9}+(1-\xi)$$

$$V_0=qH=3.22\times33.6=108.192(\text{kN})$$

第 i 层连梁的约束弯矩为

$$m_i(\xi)=\phi(\xi)\frac{\alpha_1^2}{\alpha^2}V_0h=\phi(\xi)\times\frac{22.587}{79.21}\times108.192\times2.8=86.38\phi(\xi)$$

（2）连梁内力设计值。

第 i 层连梁的剪力和梁端弯矩分别为

$$V_\text{b}=m_i(\xi)\frac{h}{a}=86.38\phi(\xi)\times\frac{2.8}{3.85}=62.8\phi(\xi)$$

$$M_\text{b}=V_\text{b}\frac{l_\text{b}}{2}=62.8\phi(\xi)\times\frac{1.15}{2}=36.11\phi(\xi)$$

（3）墙肢内力设计值。

均布荷载在 i 层产生的弯矩和剪力分别为

$$M_\text{p}(\xi)=\frac{1}{2}(1-\xi)^2qH^2=\frac{1}{2}(1-\xi)^2\times3.22\times33.6^2=1817.63(1-\xi)^2$$

$$V_\text{p}(\xi)=(1-\xi)qH=(1-\xi)\times3.22\times33.6=108.192(1-\xi)$$

在风荷载作用下的两墙肢的弯矩、剪力和轴力计算公式同地震荷载作用下两墙肢的弯矩、剪力和轴力的计算公式完全相同，即两墙肢的弯矩、剪力和轴力分别为

$$M_1 = -0.9996\left[M_p(\xi) - \sum_{i=1}^{12} m_i(\xi)\right] \qquad M_2 = -0.0004\left[M_p(\xi) - \sum_{i=1}^{12} m_i(\xi)\right]$$

$$V_1 = 0.9953V_p(\xi) \qquad\qquad\qquad V_2 = 0.0047V_p(\xi)$$

$$N_1 = \sum_{i=1}^{12} V_b \qquad\qquad\qquad\qquad N_2 = -N_1$$

双肢墙 YSW-2 在均布荷载（$q=3.22\text{kN/m}$）作用下连梁内力和墙肢内力计算结果如表 7.15 和表 7.16 所示。

表 7.15　　双肢墙 YSW-2 在均布荷载（$q=3.22\text{kN/m}$）作用下连梁内力计算

楼层	H_i/m	ξ	$\phi(\xi)$	$m_i(\xi)$ /(kN·m)	$\sum_{i=1}^{12} m_i(\xi)$ /(kN·m)	连梁内力	
						V_b/kN	M_b /(kN·m)
12	33.6	1	0.1121	9.6821	9.6821	7.039	4.0475
11	30.8	0.917	0.1365	11.791	21.473	8.5723	4.9291
10	28	0.833	0.1915	16.544	38.017	12.028	6.916
9	25.2	0.75	0.2609	22.534	60.551	16.382	9.4199
8	22.4	0.667	0.3365	29.063	89.614	21.13	12.15
7	19.6	0.583	0.4139	35.749	125.36	25.99	14.944
6	16.8	0.5	0.4896	42.294	167.66	30.749	17.681
5	14	0.417	0.5594	48.324	215.98	35.133	20.201
4	11.2	0.333	0.6155	53.166	269.15	38.653	22.225
3	8.4	0.25	0.6421	55.462	324.61	40.322	23.185
2	5.6	0.167	0.6065	52.391	377	38.089	21.901
1	2.8	0.083	0.4404	38.039	415.04	27.655	15.902

表 7.16　　双肢墙 YSW-2 在均布荷载（$q=3.22\text{kN/m}$）作用下的墙肢内力计算

楼层		M_p /(kN·m)	V_p /(kN·m)	墙肢 1 内力			墙肢 2 内力			
				M_1 /(kN·m)	V_1/kN	N_1/kN	M_2 /(kN·m)	V_2/kN	N_2/kN
12	顶	0	0	9.6782	0	7.039	0.0077	0	-7.039
	底	12.622	9.016	-12.81	9.113		-0.002	0.043	
11	顶	12.622	9.016	8.6512	9.113	15.61	0.007	0.043	-15.61
	底	50.49	18.032	-51.25	18.226		-0.023	0.086	
10	顶	50.49	18.032	-13.25	18.226	28.08	-0.01	0.086	-28.08
	底	113.6	27.048	-115.3	27.339		-0.06	0.129	
9	顶	113.6	27.048	-54.79	27.339	44.72	-0.042	0.129	-44.72
	底	201.96	36.064	-205	36.452		-0.112	0.172	
8	顶	201.96	36.064	-115.4	36.452	66.19	-0.089	0.172	-66.19
	底	315.56	45.08	-320.3	45.565		-0.18	0.215	

楼　层		M_p	V_p	墙肢 1 内力			墙肢 2 内力			
				M_1 /(kN·m)	V_1/kN	N_1/kN	M_2 /(kN·m)	V_2/kN	N_2/kN
7	顶	315.56	45.08	−195	45.565	92.59	−0.151	0.215	−92.59
	底	454.41	54.096	−461.3	54.678		−0.262	0.258	
6	顶	454.41	54.096	−293.7	54.678	123.8	−0.228	0.258	−123.8
	底	618.5	63.112	−627.9	63.791		−0.358	0.301	
5	顶	618.5	63.112	−412	63.791	159.5	−0.32	0.301	−159.5
	底	807.84	72.128	−820	72.904		−0.471	0.344	
4	顶	807.84	72.128	−551	72.904	198.8	−0.428	0.344	−198.8
	底	1022.4	81.144	−1038	82.017		−0.599	0.387	
3	顶	1022.4	81.144	−713.4	82.017	239.8	−0.555	0.387	−239.8
	底	1262.2	90.16	−1281	91.13		−0.745	0.43	
2	顶	1262.2	90.16	−904.5	91.13	278.5	−0.704	0.43	−278.5
	底	1527.3	99.176	−1550	100.24		−0.915	0.473	
1	顶	1527.3	99.176	−1136	100.24	306.5	−0.884	0.473	−306.5
	底	1817.6	108.192	−1845	109.36		−1.115	0.516	

3. 双肢墙 YSW‑2 在顶点集中荷载 （$F=-13.9$kN） 作用下墙肢及连梁内力设计值计算

（1） 连梁对墙肢的约束弯矩设计值。

由 YSW‑2 的刚度计算可知，$\alpha_1^2 = 22.587$，$\alpha^2 = 79.21$，则

$$\phi(\xi) = \frac{\mathrm{sh}\alpha}{\mathrm{ch}\alpha}\mathrm{sh}\alpha\xi - \mathrm{ch}\alpha\xi + 1 = \frac{\mathrm{sh}8.9}{\mathrm{ch}8.9}\mathrm{sh}8.9\xi - \mathrm{ch}8.9\xi + 1$$

$$V_0 = F = -13.9\text{kN}$$

第 i 层连梁的约束弯矩为

$$m_i(\xi) = \phi(\xi)\frac{\alpha_1^2}{\alpha^2}V_0 h = \phi(\xi)\times\frac{22.587}{79.21}\times(-13.9)\times 2.8 = -11.098\phi(\xi)$$

（2） 连梁内力设计值。

连梁的剪力和梁端弯矩分别为

$$V_b = m_i(\xi)\frac{h}{a} = -11.098\phi(\xi)\times\frac{2.8}{3.85} = -8.07\phi(\xi)$$

$$M_b = V_b\frac{l_b}{2} = -8.07\phi(\xi)\times\frac{1.15}{2} = -4.64\phi(\xi)$$

（3） 墙肢内力设计值。

顶点集中荷载在第 i 层产生的弯矩和剪力分别为

$$M_p(\xi) = (1-\xi)FH = (1-\xi)\times(-13.9)\times 33.6 = -467.04(1-\xi)$$

$$V_p(\xi) = F = -13.9\text{kN}$$

则两墙肢的弯矩和剪力分别为

$$M_1 = -0.9996\left[M_p(\xi) - \sum_{i=1}^{12} m_i(\xi)\right]$$

$$M_2 = -0.0004\left[M_p(\xi) - \sum_{i=1}^{12} m_i(\xi)\right]$$

$$V_1 = \frac{I_1'}{I_1' + I_2'}V_p(\xi) = \frac{0.2205}{0.2205 + 0.001035}V_p(\xi) = 0.9953 \times (-13.9) = -13.835(\text{kN})$$

$$V_2 = \frac{I_2'}{I_1' + I_2'}V_p(\xi) = \frac{0.001035}{0.2205 + 0.001035}V_p(\xi) = 0.0047 \times (-13.9) = -0.065(\text{kN})$$

$$N_1 = \sum_{i=1}^{12} V_b, N_2 = -N_1$$

双肢墙 YSW - 2 在顶点集中荷载（$F = -13.9$kN）作用下连梁内力和墙肢内力计算结果分布如表 7.17 和表 7.18 所示。

表 7.17　双肢墙 YSW - 2 在顶点集中荷载（$F = -13.9$kN）作用下的连梁内力计算

楼层	ξ	$\phi(\xi)$	$m_i(\xi)$ /(kN·m)	$\sum_{i=1}^{12} m_i(\xi)$ /(kN·m)	连梁内力	
					V_b/kN	M_b/(kN·m)
12	1	0.99973	−11.095	−11.095	−8.068	−4.639
11	0.917	0.99965	−11.0941	−22.189	−8.067	−4.638
10	0.833	0.99937	−11.091	−33.28	−8.065	−4.637
9	0.75	0.99872	−11.0838	−44.364	−8.06	−4.634
8	0.667	0.99734	−11.0685	−55.432	−8.049	−4.628
7	0.583	0.99443	−11.0362	−66.469	−8.025	−4.614
6	0.5	0.98832	−10.9684	−77.437	−7.976	−4.586
5	0.417	0.97548	−10.8259	−88.263	−7.872	−4.526
4	0.333	0.94853	−10.5267	−98.79	−7.655	−4.401
3	0.25	0.89193	−9.89867	−108.69	−7.198	−4.139
2	0.167	0.77312	−8.58008	−117.27	−6.239	−3.587
1	0.083	0.52368	−5.81181	−123.08	−4.226	−2.43

表 7.18　双肢墙 YSW - 2 在顶点集中荷载（$F = -13.9$kN）作用下的墙肢内力计算

楼层		M_p /(kN·m)	V_p/kN	墙肢 1 内力			墙肢 2 内力		
				M_1 /(kN·m)	V_1/kN	N_1/kN	M_2 /(kN·m)	V_2/kN	N_2/kN
12	顶	0	−13.9	−11.09	−13.835	−8.068	−0.004	−0.065	8.068
	底	−38.92		38.904			0.0156		
11	顶	−38.92	−13.9	16.724	−13.835	−16.13	0.0067	−0.065	16.13
	底	−77.84		77.809			0.0311		

楼　层		M_p /(kN·m)	V_p/kN	墙肢 1 内力			墙肢 2 内力		
				M_1 /(kN·m)	V_1/kN	N_1/kN	M_2 /(kN·m)	V_2/kN	N_2/kN
10	顶	−77.84	−13.9	44.542	−13.835	−24.2	0.0178	−0.065	24.2
	底	−116.76		116.71			0.0467		
9	顶	−116.76	−13.9	72.367	−13.835	−32.26	0.029	−0.065	32.26
	底	−155.68		155.62			0.0623		
8	顶	−155.68	−13.9	100.21	−13.835	−40.31	0.0401	−0.065	40.31
	底	−194.6		194.52			0.0778		
7	顶	−194.6	−13.9	128.08	−13.835	−48.33	0.0513	−0.065	48.33
	底	−233.52		233.43			0.0934		
6	顶	−233.52	−13.9	156.02	−13.835	−56.31	0.0624	−0.065	56.31
	底	−272.44		272.33			0.109		
5	顶	−272.44	−13.9	184.1	−13.835	−64.18	0.0737	−0.065	64.18
	底	−311.36		311.24			0.1245		
4	顶	−311.36	−13.9	212.49	−13.835	−71.84	0.085	−0.065	71.84
	底	−350.28		350.14			0.1401		
3	顶	−350.28	−13.9	241.5	−13.835	−79.03	0.0966	−0.065	79.03
	底	−389.2		389.04			0.1557		
2	顶	−389.2	−13.9	271.82	−13.835	−85.27	0.1088	−0.065	85.27
	底	−428.12		427.95			0.1712		
1	顶	−428.12	−13.9	304.92	−13.835	−89.5	0.122	−0.065	89.5
	底	−467.04		466.85			0.1868		

　　将风荷载作用下双肢墙 YSW-2 在均布荷载（$q=3.22$kN/m）作用下和顶点集中荷载（$F=-13.9$kN）作用下连梁内力和墙肢内力设计值进行叠加，即可得到风荷载作用下双肢墙 YSW-2 的墙肢及连梁内力设计值，叠加结果如表 7.19 所示。

表 7.19　　　　　　　风荷载作用下双肢墙 YSW-2 的墙肢及连梁内力设计值

楼　层		墙肢 1 内力			墙肢 2 内力			连梁内力	
		M_1 /(kN·m)	V_1/kN	N_1/kN	M_2 /(kN·m)	V_2/kN	N_2/kN	V_b/kN	M_b /(kN·m)
12	顶	−1.412	−13.84	−1.029	0.0033	−0.07	1.029	−1.03	−0.591
	底	26.091	−4.722		0.0132	0.043			
11	顶	25.375	−4.722	−0.524	0.0137	−0.02	0.524	0.505	0.2907
	底	26.556	4.3909		0.0081	0.086			
10	顶	31.291	4.3909	3.8794	0.0079	0.021	−3.8794	3.963	2.279
	底	1.3938	13.504		−0.013	0.129			

楼　层		墙肢 1 内力			墙肢 2 内力			连梁内力	
		M_1 /(kN·m)	V_1/kN	N_1/kN	M_2 /(kN·m)	V_2/kN	N_2/kN	V_b/kN	M_b /(kN·m)
9	顶	17.574	13.504	12.463	−0.013	0.064	−12.463	8.323	4.7858
	底	−49.39	22.617		−0.05	0.172			
8	顶	−15.23	22.617	25.881	−0.049	0.107	−25.881	13.08	7.5219
	底	−125.8	31.73		−0.102	0.215			
7	顶	−66.94	31.73	44.259	−0.1	0.15	−44.259	17.97	10.33
	底	−227.9	40.843		−0.168	0.258			
6	顶	−137.7	40.843	67.522	−0.166	0.193	−67.522	22.77	13.095
	底	−355.5	49.956		−0.249	0.301			
5	顶	−227.9	49.956	95.342	−0.246	0.236	−95.342	27.26	15.675
	底	−508.8	59.069		−0.346	0.344			
4	顶	−338.5	59.069	126.96	−0.343	0.279	−126.96	31	17.824
	底	−687.7	68.182		−0.459	0.387			
3	顶	−471.9	68.182	160.72	−0.458	0.322	−160.72	33.12	19.047
	底	−892.3	77.295		−0.59	0.43			
2	顶	−632.7	77.295	193.18	−0.595	0.365	−193.18	31.85	18.314
	底	−1122	86.408		−0.743	0.473			
1	顶	−830.6	86.408	217.05	−0.762	0.408	−217.05	23.43	13.472
	底	−1378	95.521		−0.928	0.516			

7.3.3　壁式框架内力设计值计算

7.3.3.1　YSW-1 壁柱弯矩计算

总壁式框架层间侧移刚度计算过程如表 7.20 和表 7.21 所示。

表 7.20　　　　　　　　　　　总壁式框架层间侧移刚度计算

楼层	层高 h/m	YSW-1（2 片）D_{ij}/(×10⁴kN/m)			层间总侧移刚度$\sum D_{ij}$ /(×10⁴kN/m)
		左柱	中柱	右柱	
2~12	2.8	9.3285	19.6762	4.6432	67.2958
1	2.8	11.6089	42.2731	16.6783	141.1206

7.3.3.2　YSW-1 壁梁弯矩计算

根据节点弯矩平衡条件计算梁端弯矩，对于中间节点，柱端弯矩之和应按左右梁的线刚度比（见表7.22）分配给左右梁端，壁梁、壁柱弯矩计结果如图 7.4 所示。

表 7.21　YSW-1（壁式框架）在水平地震作用下壁柱分配的剪力及柱弯矩计算

楼层	h_i /m	V_{fi} /kN	$\sum D_{ij}$ /(×10⁴ kN/m)	D_{ij} /(×10⁴kN/m)			$V_{ij}=\dfrac{D_{ij}}{\sum D_{ij}}V_{fi}$ /kN			y_i/m			$M_c^u=V_{ij}(1-y_i)h_i$ /(kN·m)			$M_c^l=V_{ij}y_ih_i$ /(kN·m)		
				左柱	中柱	右柱	左柱	中柱	右柱	左柱	中柱	右柱	左柱	中柱	右柱	左柱	中柱	右柱
12	2.8	772.549	67.2958	9.3285	19.6762	4.6432	107.09	225.881	53.303	0.4	0.22	0	179.91	493.32	149.25	119.94	139.14	0
11	2.8	772.595	67.2958	9.3285	19.6762	4.6432	107.097	225.894	53.307	0.55	0.32	0.2	134.94	430.1	119.41	164.93	202.4	29.852
10	2.8	770.365	67.2958	9.3285	19.6762	4.6432	106.787	225.242	53.153	0.55	0.4	0.25	134.55	378.41	111.62	164.45	252.27	37.207
9	2.8	762.528	67.2958	9.3285	19.6762	4.6432	105.701	222.951	52.612	0.55	0.45	0.3	133.18	343.34	103.12	162.78	280.92	44.194
8	2.8	746.014	67.2958	9.3285	19.6762	4.6432	103.412	218.122	51.473	0.55	0.45	0.35	130.3	335.91	93.68	159.25	274.83	50.443
7	2.8	717.99	67.2958	9.3285	19.6762	4.6432	99.5273	209.929	49.539	0.55	0.45	0.4	125.4	323.29	83.226	153.27	264.51	55.484
6	2.8	675.834	67.2958	9.3285	19.6762	4.6432	93.6837	197.603	46.63	0.55	0.45	0.4	118.04	304.31	78.339	144.27	248.98	52.226
5	2.8	617.11	67.2958	9.3285	19.6762	4.6432	85.5434	180.433	42.579	0.55	0.5	0.45	107.78	252.61	65.571	131.74	252.61	53.649
4	2.8	539.543	67.2958	9.3285	19.6762	4.6432	74.7911	157.754	37.227	0.5	0.5	0.5	104.71	220.86	52.117	104.71	220.86	52.117
3	2.8	441.005	67.2958	9.3285	19.6762	4.6432	61.1318	128.943	30.428	0.5	0.5	0.55	85.585	180.52	38.339	85.585	180.52	46.859
2	2.8	319.488	67.2958	9.3285	19.6762	4.6432	44.2872	93.4131	22.044	0.5	0.55	0.7	62.002	117.7	18.517	62.002	143.86	43.206
1	2.8	173.091	141.121	11.609	42.2731	16.678	14.2389	51.8499	20.457	0.6	0.78	1.05	15.948	31.94	−2.864	23.921	113.24	60.143

注　规则框架承受倒三角分布水平力作用时标准反弯点高度比 y_i（查附录 B）。

楼层	K_b^l	K_b^r	$K_b^l/(K_b^l+K_b^r)$	$K_b^r/(K_b^l+K_b^r)$
1—12	24.655	6.652	0.7875	0.2125

表 7.22　　　　　　　　　　YSW-1 壁梁等效刚度计算　　　　　　　　　单位：×10⁴kN·m

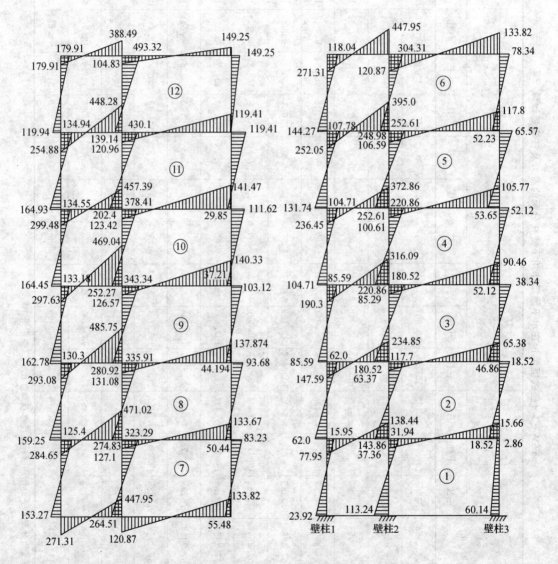

图 7.4　YSW-1 在水平地震作用下（1.3F_{Ek}→）壁梁、壁柱弯矩图（单位：kN·m）

7.3.3.3　壁梁剪力及壁柱轴力计算

梁端剪力由杆件平衡条件计算可得，从上到下逐层叠加节点左右梁端剪力即为壁柱轴力，壁梁剪力及壁柱轴力计算结构如图 7.5 所示。

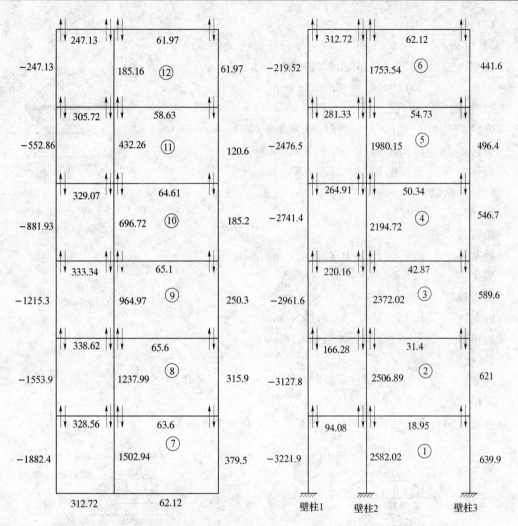

图 7.5　YSW-1 在水平地震作用下（$1.3F_{Ek}$→）壁梁剪力、壁柱轴力（单位：kN）

7.4　剪力墙竖向荷载作用下的内力计算

竖向荷载包括竖向恒荷载和竖向活荷载。各片剪力墙所承受的轴力由墙体自重和楼板传来的荷载两部分组成，其中楼板传来的荷载可近似按其受力面积，不考虑结构的连续性进行分配计算。

7.4.1　实体墙 YSW-3 在竖向荷载作用下的内力计算

7.4.1.1　荷载计算（标准值）

根据设计条件，基本雪压 $s_0 = 0.45 \text{kN/m}^2$，查《建筑结构荷载规范》（GB 50009—2012）第 7.2.1 条表 7.2.1，本建筑屋面积雪分布系数 $\mu_r = 1.0$，屋面水平投影面积上的雪荷载标准值为 $s_k = \mu_r s_0 = 0.45 \text{kN/m}^2$。

YSW-3 楼（屋）面荷载传递方式如图 7.6 所示。

（1）恒荷载。

1）屋面。

卧室：　　　$5.775 \times 1.65 = 9.529(kN/m)$

厨房：　　　$5.775 \times 1.2 = 6.93(kN/m)$

2）楼面。

卧室：　　　$5.455 \times 1.65 = 9.0(kN/m)$

厨房：　　　$5.455 \times 1.2 = 6.546(kN/m)$

墙体自重：　$5.504 \times 2.8 = 15.41(kN/m)$

（2）活荷载。

1）屋面。

活荷载：

卧室：　　　$0.5 \times 1.65 = 0.825(kN/m)$

厨房：　　　$0.5 \times 1.2 = 0.6(kN/m)$

雪荷载：

卧室：　　　$0.45 \times 1.65 = 0.74(kN/m)$

厨房：　　　$0.45 \times 1.2 = 0.54(kN/m)$

2）楼面。

卧室：　　　$2.0 \times 1.65 = 3.3(kN/m)$

厨房：　　　$2 \times 1.2 = 2.4(kN/m)$

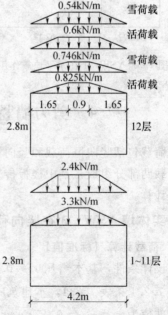

图 7.6　YSW-3 楼（屋）面荷载传递方式

各楼层恒荷载、活荷载的分布图如图 7.7 和图 7.8 所示。

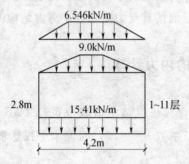

图 7.7　YSW-3 各楼层恒荷载作用图

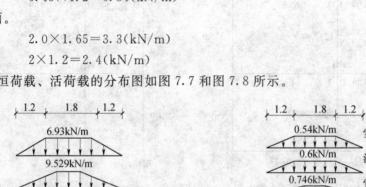

图 7.8　YSW-3 各楼层活荷载作用图

7.4.1.2　内力计算（标准值）

表 7.23 为非震作用时 $1.2G_k+1.4Q_k$ 作用下墙体的轴力计算结果，表 7.24 为地震时在 $1.2G_E$ 作用下墙体的轴力计算结果。现以第 12 层为例，说明如下。

1.2×屋面恒荷载：

$$1.2\times[(9.529\times0.9+9.529\times1.65)+(6.93\times1.8+6.93\times1.2)]=54.11(kN)$$

1.2×墙自重：

$$1.2\times15.41\times4.2=77.67(kN)$$

1.4×屋面活荷载：

$$1.4\times[0.6\times(1.2+1.8)+0.825\times(0.9+1.65)]=5.47(kN)$$

1.4×雪荷载：

$$1.4\times[0.54\times(1.2+1.8)+0.74\times(0.9+1.65)]=4.91(kN)$$

因此，12 层的 YSW-3 墙体顶部轴力为 $54.11+5.47=59.58(kN)$，底部轴力为 $59.58+77.67=137.25(kN)$。

表 7.23		YSW-3 非震时在 $1.2G_k+1.4Q_k$ 作用下的墙体轴力计算			单位：kN
楼层		1.2×楼（屋）面恒荷载	1.2×墙自重	1.4×楼（屋）面活荷载	N
12	顶	54.11	77.67	5.47	59.58
	底				137.25
11	顶	51.11	77.67	21.86	210.22
	底				287.89
10	顶	51.11	77.67	21.86	360.86
	底				438.53
9	顶	51.11	77.67	21.86	511.50
	底				589.17
8	顶	51.11	77.67	21.86	662.14
	底				739.81
7	顶	51.11	77.67	21.86	812.78
	底				890.45
6	顶	51.11	77.67	21.86	963.42
	底				1041.09
5	顶	51.11	77.67	21.86	1114.06
	底				1191.73
4	顶	51.11	77.67	21.86	1264.7
	底				1342.37
3	顶	51.11	77.67	21.86	1415.34
	底				1493.01
2	顶	51.11	77.67	21.86	1565.98
	底				1643.65
1	顶	51.11	77.67	21.86	1716.62
	底				1794.29

表 7.24　　　　　　　YSW-3 地震时在 1.2G_E 作用下的墙体轴力计算　　　　　　单位：kN

楼层		1.2×楼（屋）面恒荷载	1.2×墙自重	1.2×（0.5×雪荷载）或 1.2×（0.5×楼面荷载）	N
12	顶	54.11	77.67	2.1	56.21
	底				133.88
11	顶	51.11	77.67	9.37	194.36
	底				272.03
10	顶	51.11	77.67	9.37	332.51
	底				410.18
9	顶	51.11	77.67	9.37	470.66
	底				548.33
8	顶	51.11	77.67	9.37	608.81
	底				686.48
7	顶	51.11	77.67	9.37	746.96
	底				824.63
6	顶	51.11	77.67	9.37	885.11
	底				962.78
5	顶	51.11	77.67	9.37	1023.26
	底				1100.93
4	顶	51.11	77.67	9.37	1161.41
	底				1239.08
3	顶	51.11	77.67	9.37	1299.56
	底				1377.23
2	顶	51.11	77.67	9.37	1437.71
	底				1515.38
1	顶	51.11	77.67	9.37	1575.86
	底				1653.53

7.4.2　整体小开口墙 YSW-4 在竖向荷载作用下内力计算

7.4.2.1　荷载计算（标准值）

YSW-4 楼（屋）面荷载传递方式如图 7.9 所示。

（1）恒荷载。

1）屋面。

卧室：　5.775×1.65＝9.529(kN/m)

厕所：　5.775×1.05＝6.06(kN/m)

客厅：　5.775×2.55＝14.73(kN/m)

2）楼面。

卧室：　5.455×1.65＝9.00(kN/m)

厕所：　5.455×1.05＝5.73(kN/m)

客厅：　5.455×2.55＝13.91(kN/m)

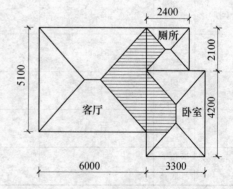

图 7.9　YSW-4 楼面荷载传递方式

1～12 层墙重：$\dfrac{5.504\times2.8\times6.5-0.45\times0.9\times2.1}{6.5}=15.28(\text{kN/m})$

女儿墙重：　　　　　$3.26\times1=3.26(\text{kN/m})$

（2）活荷载。

1）屋（楼）面。

卧室：　　　　　　　$2\times1.65=3.3(\text{kN/m})$

厕所：　　　　　　　$2\times1.05=2.1(\text{kN/m})$

客厅：　　　　　　　$2\times2.55=5.1(\text{kN/m})$

2）屋面雪载。

卧室：　　　　　$0.45\times1.65=0.74(\text{kN/m})$

厕所：　　　　　$0.45\times1.05=0.47(\text{kN/m})$

客厅：　　　　　$0.45\times2.55=1.15(\text{kN/m})$

各楼层恒荷载、活荷载的分布图如图 7.10 和图 7.11 所示。

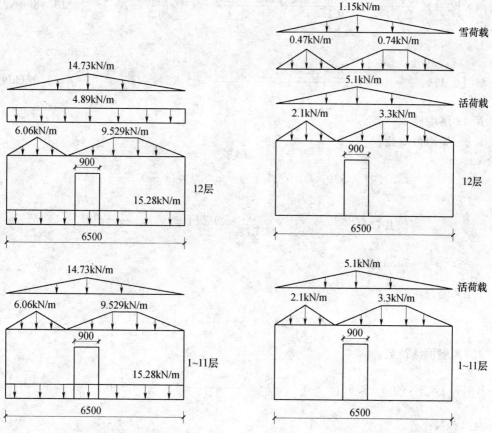

图 7.10　YSW-4 各楼层恒荷载作用图　　　　图 7.11　YSW-4 各楼层活荷载作用图

7.4.2.2　内力计算（标准值）

表 7.25 为非震作用时 $1.2G_k+1.4Q_k$ 作用下墙体的轴力计算，表 7.26 为地震时在 $1.2G_E$ 作用下墙体的轴力计算。现以第 12 层墙肢 1 和墙肢 2 为例，说明如下。

第 12 层墙肢 1：

1.2×屋面恒荷载：

$$1.2\times\left[\left(6.06\times\frac{2.1}{2}\right)+\left(9.529\times\frac{2.95-2.1}{1.65}\times\frac{2.95-2.1}{2}\right)+\right.$$

$$\left.\left(14.73\times\frac{2.95}{6.5/2}\times\frac{2.95}{2}\right)+(3.26\times2.95)\right]$$

$$=45.35(\mathrm{kN})$$

1.2×墙自重：

$$1.2\times15.28\times2.95=54.09(\mathrm{kN})$$

1.4×屋面活荷载：

$$1.4\times\left[2.1\times\frac{2.1}{2}+3.3\times\frac{2.95-2.1}{1.65}\times\frac{2.95-2.1}{2}+5.1\times\frac{2.95}{6.5/2}\times\frac{2.95}{2}\right]=13.48(\mathrm{kN})$$

1.4×雪荷载：

$$1.4\times\left[0.47\times\frac{2.1}{2}+0.74\times\frac{2.95-2.1}{1.65}\times\frac{2.95-2.1}{2}+1.15\times\frac{2.95}{6.5/2}\times\frac{2.95}{2}\right]=3.07(\mathrm{kN})$$

第 12 层墙肢 2：

1.2×屋面恒荷载：

$$1.2\times\left\{\left[9.529\times(0.9+1.65)-9.529\times\frac{0.85}{1.65}\times\frac{0.85}{2}\right]+\right.$$

$$\left.\left(14.73\times\frac{6.5}{2}-14.73\times\frac{2.95}{6.5/2}\times\frac{2.95}{2}\right)+(3.26\times3.55)\right\}$$

$$=74.33(\mathrm{kN})$$

1.2×墙自重：

$$1.2\times15.28\times3.55=65.09(\mathrm{kN})$$

1.4×屋面活荷载：

$$1.4\times\left\{\left[3.3\times(0.9+1.65)-3.3\times\frac{0.85}{1.65}\times\frac{0.85}{2}\right]+\left[5.1\times\frac{6.5}{2}-5.1\times\frac{2.95}{6.5/2}\times\frac{2.95}{2}\right]\right\}$$

$$=24.42\mathrm{kN}$$

1.4×雪荷载

$$1.4\times\left\{\left[0.74\times(0.9+1.65)-0.74\times\frac{0.85}{1.65}\times\frac{0.85}{2}\right]+\left[1.15\times\frac{6.5}{2}-1.15\times\frac{2.95}{6.5/2}\times\frac{2.95}{2}\right]\right\}$$

$$=5.49(\mathrm{kN})$$

表 7.25　　　　　　　YSW-4 非震时，在 $1.2G_k + 1.4Q_k$ 作用下墙体轴力计算　　　　　单位：kN

楼层		墙肢 1（左）				墙肢 2（右）			
		1.2×楼（屋）面恒荷载	1.2×墙自重	1.4×楼（屋）面活荷载	N	1.2×楼（屋）面恒荷载	1.2×墙自重	1.4×楼（屋）面活荷载	N
12	顶	45.35	54.09	13.48	58.83	74.33	65.09	24.42	98.75
	底				112.92				163.84
11	顶	31.93	54.09	13.66	158.51	57.08	65.09	24.42	245.34
	底				212.6				310.43
10	顶	31.93	54.09	13.66	258.19	57.08	65.09	24.42	391.93
	底				312.28				457.02
9	顶	31.93	54.09	13.66	357.87	57.08	65.09	24.42	538.52
	底				411.96				603.61
8	顶	31.93	54.09	13.66	457.55	57.08	65.09	24.42	685.11
	底				511.64				750.2
7	顶	31.93	54.09	13.66	557.23	57.08	65.09	24.42	831.7
	底				611.32				896.79
6	顶	31.93	54.09	13.66	656.91	57.08	65.09	24.42	978.29
	底				711				1043.38
5	顶	31.93	54.09	13.66	756.59	57.08	65.09	24.42	1124.88
	底				810.68				1189.97
4	顶	31.93	54.09	13.66	856.27	57.08	65.09	24.42	1271.47
	底				910.36				1336.56
3	顶	31.93	54.09	13.66	955.95	57.08	65.09	24.42	1418.06
	底				1010.04				1483.15
2	顶	31.93	54.09	13.66	1055.63	57.08	65.09	24.42	1564.65
	底				1109.72				1629.74
1	顶	31.93	54.09	13.66	1155.31	57.08	65.09	24.42	1711.24
	底				1209.4				1776.33

表 7.26　　　　　　　YSW-4 地震时在 $1.2G_E$ 作用下墙体轴力计算　　　　　　单位：kN

楼层		墙肢 1（左）				墙肢 2（右）			
		1.2×楼（屋）面恒荷载	1.2×墙自重	1.2×（0.5×雪荷载）或 1.2×（0.5×楼面荷载）	N	1.2×楼（屋）面恒荷载	1.2×墙自重	1.2×（0.5×雪荷载）或 1.2×（0.5×楼面荷载）	N
12	顶	45.35	54.09	1.32	46.67	74.33	65.09	2.35	76.68
	底				100.76				141.77
11	顶	31.93	54.09	11.71	144.4	57.08	65.09	20.93	219.78
	底				198.49				284.87
10	顶	31.93	54.09	11.71	242.13	57.08	65.09	20.93	362.88
	底				296.22				427.97

续表

楼层		墙肢1（左）				墙肢2（右）			
		1.2×楼（屋）面恒荷载	1.2×墙自重	1.2×（0.5×雪荷载）或1.2×（0.5×楼面荷载）	N	1.2×楼（屋）面恒荷载	1.2×墙自重	1.2×（0.5×雪荷载）或1.2×（0.5×楼面荷载）	N
9	顶	31.93	54.09	11.71	339.86	57.08	65.09	20.93	505.98
	底				393.95				571.07
8	顶	31.93	54.09	11.71	437.59	57.08	65.09	20.93	649.08
	底				491.68				714.17
7	顶	31.93	54.09	11.71	535.32	57.08	65.09	20.93	792.18
	底				589.41				857.27
6	顶	31.93	54.09	11.71	633.05	57.08	65.09	20.93	935.28
	底				687.14				1000.37
5	顶	31.93	54.09	11.71	730.78	57.08	65.09	20.93	1078.38
	底				784.87				1143.47
4	顶	31.93	54.09	11.71	828.51	57.08	65.09	20.93	1221.48
	底				882.6				1286.57
3	顶	31.93	54.09	11.71	926.24	57.08	65.09	20.93	1364.58
	底				980.33				1429.67
2	顶	31.93	54.09	11.71	1023.97	57.08	65.09	20.93	1507.68
	底				1078.06				1572.77
1	顶	31.93	54.09	11.71	1121.7	57.08	65.09	20.93	1650.78
	底				1175.79				1715.87

7.4.3　双肢墙 YSW - 2 在竖向荷载作用下内力计算

7.4.3.1　荷载计算（标准值）

YSW - 2 楼（屋）面荷载传递方式如图 7.12 所示。

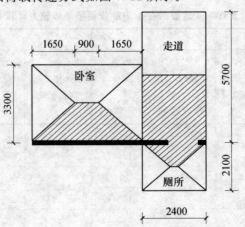

图 7.12　YSW - 2 楼（屋）面荷载传递方式

（1）恒荷载。

1）屋面。

卧室：　　　　　　　　5.775×1.65＝9.529(kN/m)

厕所：　　　　　　　　5.775×1.05＝6.06(kN/m)

走道：　　　　　　　　5.775×5.7/2＝16.46(kN/m)

2）楼面。

卧室：　　　　　　　　5.455×1.65＝9.00(kN/m)

厕所：　　　　　　　　5.455×1.05＝5.73(kN/m)

走道：　　　　　　　　5.455×5.7/2＝15.55(kN/m)

1～12 层墙重：　　　　5.504×2.8＝15.41(kN/m)

门自重：　　　　　　　0.45×0.9×2.1＝0.85(kN)

女儿墙重：　　　　　　3.26×1.0＝3.26(kN/m)

（2）活荷载。

1）屋（楼）面。

卧室：　　　　　　　　2×1.65＝3.3(kN/m)

厕所：　　　　　　　　2×1.05＝2.1(kN/m)

走道：　　　　　　　　2×5.7/2＝5.7(kN/m)

2）屋面雪荷载。

卧室：　　　　　　　　0.45×1.65＝0.74(kN/m)

厕所：　　　　　　　　0.45×1.05＝0.47(kN/m)

走道：　　　　　　　　0.45×5.7/2＝1.28(kN/m)

图 7.13 和图 7.14 表示各楼层恒荷载和活荷载的分布。

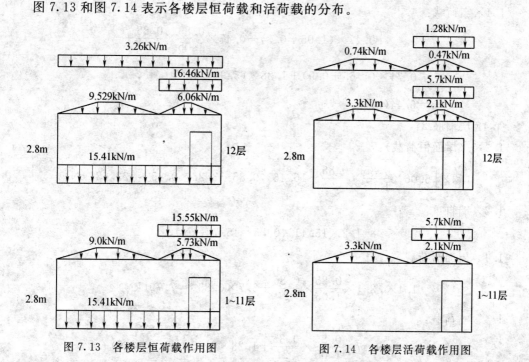

图 7.13　各楼层恒荷载作用图　　　　图 7.14　各楼层活荷载作用图

7.4.3.2 内力计算（标准值）

表 7.27 为非震作用时 $1.2G_k + 1.4Q_k$ 作用下墙体的轴力计算，表 7.28 为地震时在 $1.2G_E$ 作用下墙体的轴力计算。现以第 12 层墙肢 1 和墙肢 2 为例，说明如下。

第 12 层墙肢 1：

1.2×屋面恒荷载：

$$1.2 \times \left[6.06 \times (1.05 + 0.3) - 6.06 \times \frac{0.85}{1.05} \times \frac{0.85}{2} + \right.$$

$$\left. 9.529 \times (1.65 + 0.9) + 16.46 \times (5.95 - 4.2) + 3.26 \times 5.95 \right]$$

$$= 94.32 \text{(kN)}$$

1.2×墙自重：

$$1.2 \times 15.41 \times 5.95 = 110.03 \text{(kN)}$$

1.4×屋面活荷载：

$$1.4 \times \left[(2.1 \times (1.05 + 0.3) - 2.1 \times \frac{0.85}{1.05} \times \frac{0.85}{2} + \right.$$

$$\left. 3.3 \times (1.65 + 0.9) + 5.7 \times (5.95 - 4.2) \right]$$

$$= 28.7 \text{(kN)}$$

1.4×雪荷载：

$$1.4 \times \left[0.47 \times (1.05 + 0.3) - 0.47 \times \frac{0.85}{1.05} \times \frac{0.85}{2} + \right.$$

$$\left. 0.74 \times (1.65 + 0.9) + 1.28 \times (5.95 - 4.2) \right]$$

$$= 6.44 \text{(kN)}$$

第 12 层墙肢 2：

1.2×（屋面恒荷载）：

$$1.2 \times \left[6.06 \times \frac{0.85}{1.05} \times \frac{0.85}{2} + 16.46 \times 0.85 + 3.26 \times 0.85 \right] = 22.62 \text{(kN)}$$

1.2×墙自重：

$$1.2 \times 15.41 \times 0.85 = 15.72 \text{(kN)}$$

1.4×屋面活荷载：

$$1.4 \times \left[2.1 \times \frac{0.85}{1.05} \times \frac{0.85}{2} + 5.7 \times 0.85 \right] = 7.79 \text{(kN)}$$

1.4×雪荷载：

$$1.4 \times \left[0.47 \times \frac{0.85}{1.05} \times \frac{0.85}{2} + 1.28 \times 0.85 \right] = 1.75 \text{(kN)}$$

表 7.27　　　　YSW‑2 非震时在 $1.2G_k+1.4Q_k$ 作用下的墙体轴力计算　　　　单位：kN

楼层		墙肢 1（左）				墙肢 2（右）			
		1.2×楼（屋）面恒荷载	1.2×墙自重	1.4×楼（屋）面活荷载	N	1.2×楼（屋）面恒荷载	1.2×墙自重	1.4×楼（屋）面活荷载	N
12	顶	94.32	110.03	28.7	123.02	22.62	15.72	7.79	30.48
	底				233.05				46.2
11	顶	67.11	110.03	28.51	328.67	18.23	15.72	7.79	72.22
	底				438.7				87.94
10	顶	67.11	110.03	28.51	534.32	18.23	15.72	7.79	113.96
	底				644.35				129.68
9	顶	67.11	110.03	28.51	739.97	18.23	15.72	7.79	155.7
	底				850				171.42
8	顶	67.11	110.03	28.51	945.62	18.23	15.72	7.79	197.44
	底				1055.65				213.16
7	顶	67.11	110.03	28.51	1151.27	18.23	15.72	7.79	239.18
	底				1261.3				254.9
6	顶	67.11	110.03	28.51	1356.92	18.23	15.72	7.79	280.92
	底				1466.95				296.64
5	顶	67.11	110.03	28.51	1562.57	18.23	15.72	7.79	322.66
	底				1672.6				338.38
4	顶	67.11	110.03	28.51	1768.22	18.23	15.72	7.79	364.4
	底				1878.25				380.12
3	顶	67.11	110.03	28.51	1973.87	18.23	15.72	7.79	406.14
	底				2083.9				421.86
2	顶	67.11	110.03	28.51	2179.52	18.23	15.72	7.79	447.88
	底				2289.55				463.6
1	顶	67.11	110.03	28.51	2385.17	18.23	15.72	7.79	489.62
	底				2495.2				505.34

表 7.28　　　　YSW‑2 地震时在 $1.2G_E$ 作用下墙体轴力计算　　　　单位：kN

楼层		墙肢 1（左）				墙肢 2（右）			
		1.2×楼（屋）面恒载	1.2×墙自重	1.2×（0.5×雪荷载）或 1.2×（0.5×楼面荷载）	N	1.2×楼（屋）面恒载	1.2×墙自重	1.2×（0.5×雪荷载）或 1.2×（0.5×楼面荷载）	N
12	顶	94.32	110.03	2.76	97.08	22.62	15.72	0.75	23.37
	底				207.11				39.09
11	顶	67.11	110.03	11.71	285.93	18.23	15.72	20.93	78.25
	底				395.96				93.97
10	顶	67.11	110.03	11.71	474.78	18.23	15.72	20.93	133.13
	底				584.81				148.85

续表

楼层		墙肢1（左）				墙肢2（右）			
		1.2×楼（屋）面恒载	1.2×墙自重	1.2×（0.5×雪荷载）或1.2×（0.5×楼面荷载）	N	1.2×楼（屋）面恒载	1.2×墙自重	1.2×（0.5×雪荷载）或1.2×（0.5×楼面荷载）	N
9	顶	67.11	110.03	11.71	663.63	18.23	15.72	20.93	188.01
	底				773.66				203.73
8	顶	67.11	110.03	11.71	852.48	18.23	15.72	20.93	242.89
	底				962.51				258.61
7	顶	67.11	110.03	11.71	1041.3	18.23	15.72	20.93	297.77
	底				1151.3				313.49
6	顶	67.11	110.03	11.71	1230.1	18.23	15.72	20.93	352.65
	底				1340.2				368.37
5	顶	67.11	110.03	11.71	1419.0	18.23	15.72	20.93	407.53
	底				1529.0				423.25
4	顶	67.11	110.03	11.71	1607.8	18.23	15.72	20.93	462.41
	底				1717.9				478.13
3	顶	67.11	110.03	11.71	1796.7	18.23	15.72	20.93	517.29
	底				1906.7				533.01
2	顶	67.11	110.03	11.71	1985.5	18.23	15.72	20.93	572.17
	底				2095.6				587.89
1	顶	67.11	110.03	11.71	2174.4	18.23	15.72	20.93	627.05
	底				2284.4				642.77

7.4.4　壁式框架 YSW-1 在竖向荷载作用下内力计算

7.4.4.1　荷载计算（标准值）

YSW-1 楼（屋）面荷载传递方式如图
7.15 所示。

（1）恒荷载。

1）屋面。

厕所：　$5.775 \times 1.05 = 6.06$（kN/m）

客厅：　$5.775 \times 2.55 = 14.73$（kN/m）

2）楼面。

厕所：　$5.455 \times 1.05 = 5.73$（kN/m）

客厅：　$5.455 \times 2.55 = 13.91$（kN/m）

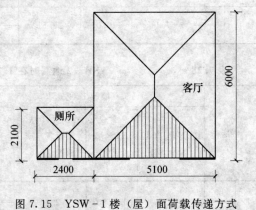

图 7.15　YSW-1 楼（屋）面荷载传递方式

窗自重：　　　　C_3　$0.45 \times 0.6 \times 1.2 = 0.324$（kN）

　　　　　　　　C_2　$0.45 \times 2.1 \times 1.5 = 1.42$（kN）

女儿墙重：　　　　　$3.26 \times 1.0 = 3.26$（kN/m）

壁柱1自重：$5.78 \times [(1+0.3) \times 2.8 - 0.3 \times 1.2] + 0.324/2 = 19.12$（kN）

壁柱 2 自重：

$5.78 \times [(2.4+0.3+2.1/2) \times 2.8-0.3 \times 1.2-2.1/2 \times 1.5]+0.324/2+1.42/2=50.38(\text{kN})$

壁柱 3 自重：$5.78 \times [(1.6+2.1/2) \times 2.8-2.1/2 \times 1.5]+4.2/2=34.49(\text{kN})$

各层恒荷载作用如图 7.16 所示，将左跨墙上的梯形分布荷载按照支座剪力等效转化为 YSW-1 计算简图上的三角形分布荷载。同时，将右跨上的三角形分布荷载转化为计算简图上的三角形分布荷载，如图 7.17 所示。

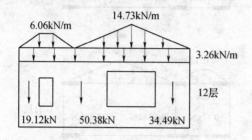

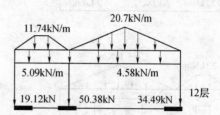

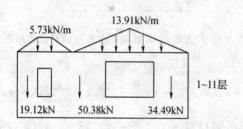

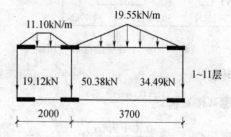

图 7.16　YSW-1 各层恒荷载作用图　　　7.17　YSW-1 计算简图上各层恒荷载作用图

转换：

屋面：　$\dfrac{(0.6+2.5)}{2} \times 6.06 \times 2 \div 6=11.74(\text{kN/m})$　　$\dfrac{5.2}{3.7} \times 14.73=20.70(\text{kN/m})$

女儿墙：　$\dfrac{2.5}{1.6} \times 3.26=5.09(\text{kN/m})$　　　　$\dfrac{5.2}{3.7} \times 3.26=4.58(\text{kN/m})$

墙面：　$\dfrac{(0.6+2.5)}{2} \times 5.73 \times 2 \div 1.6=11.1(\text{kN/m})$　$\dfrac{5.2}{3.7} \times 13.91=19.55(\text{kN/m})$

（2）活荷载标准值。

1）屋（楼）面。

厕所：　　　　　　　　$2 \times 1.05=2.1$（kN/m）

客厅：　　　　　　　　$2 \times 2.55=5.1$（kN/m）

2）屋面雪载。

厕所：　　　　　　　　$0.45 \times 1.05=0.47(\text{kN/m})$

客厅：　　　　　　　　$0.45 \times 2.55=1.15(\text{kN/m})$

各层活荷载作用如图 7.18 所示，将左跨墙上的梯形分布荷载按照支座剪力等效转化为 YSW-1 计算简图上的三角形分布荷载。同时，将右跨上的三角形分布荷载转化为计算简图上的三角形分布荷载，如图 7.19 所示。

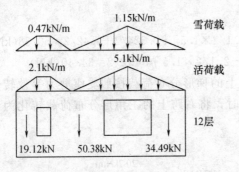

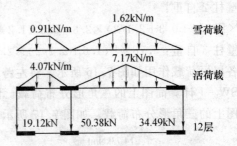

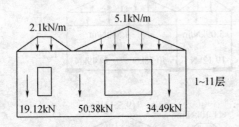

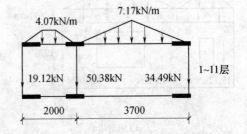

图 7.18　YSW-1 各层活荷载作用图　　　图 7.19　YSW-1 计算简图上各层活荷载作用图

转换：

屋（楼）面：$\dfrac{(0.6+2.5)}{2}\times 2.1\times 2\div 1.6=4.07$(kN/m)　　$\dfrac{5.2}{3.7}\times 5.1=7.17$(kN/m)

雪荷载：$\dfrac{0.6+2.5}{2}\times 0.47\times 2\div 1.6=0.91$(kN/m)　　$\dfrac{5.2}{3.7}\times 1.15=1.62$(kN/m)

（3）荷载组合。

图 7.20 为非震作用时 $1.2G_k+1.4Q_k$ 作用下各层作用图，图 7.21 为地震时在 $1.2G_E$ 作用下各层作用图。

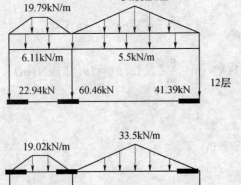

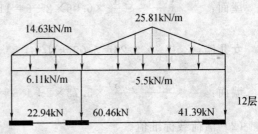

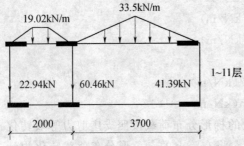

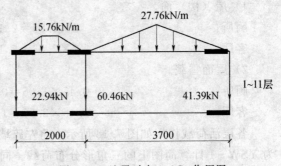

图 7.20　非震作用时 $1.2G_k+1.4Q_k$ 作用图　　　图 7.21　地震时在 $1.2G_E$ 作用图

7.4.4.2　非震时 $1.2G_k+1.4Q_k$ 作用下结构内力计算

计算方法采用二次弯矩分配法，计算过程宜采用 Excel 表格列出。

1. 固端弯矩计算

（1）两端固定的单跨梁的荷载作用图如图 7.22 所示，其中三角形荷载作用下的弯矩计算公式如下：

$$M_{01}=-M_{10}=-\frac{qcl}{24}(3-2r^2);M_{max}=\frac{qcl}{24}(3-4r+2r^2) \tag{7-10}$$

其中

$$r=\frac{c}{l}$$

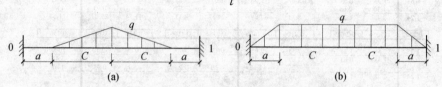

图 7.22　两端固定的单跨梁荷载作用图

（a）三角形荷载作用下；（b）梯形荷载作用下

梯形荷载作用下的弯矩计算公式如下：

$$M_{01}=-M_{10}=-\frac{ql^2}{12}(1-2\alpha^2+\alpha^3);M_{max}=\frac{ql}{24}(1-2\alpha^3) \tag{7-11}$$

其中

$$\alpha=\frac{a}{l}$$

（2）计算第 12 层右梁两端固端弯矩（见图 7.23）：

$$M_{01a}=-M_{10a}$$

$$=-\frac{qcl}{24}(3-2r^2)$$

$$=-\frac{34.88\times\frac{3.7}{2}\times3.7}{24}\times\left[3-2\times\left(\frac{3.7/2}{3.7}\right)^2\right]$$

$$=-24.87(kN/m)$$

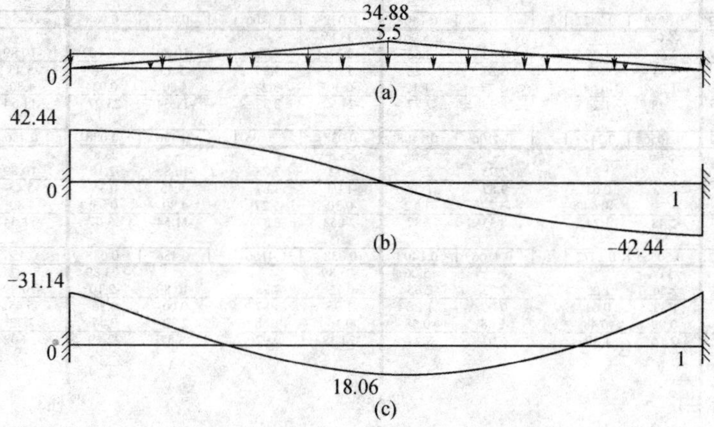

图 7.23　YSW-1 的 12 层右梁计算结果

（a）荷载示意图；（b）剪力包络图；（c）弯矩包络图

壁柱1 下柱	壁柱1 右梁	壁柱1 上柱	壁柱2 下柱	壁柱2 左梁	壁柱2 右梁	壁柱2 上柱	壁柱3 下柱	壁柱3 左梁	壁柱3 上柱	层
0.3284	0.6716		0.2389	0.2389	0.0644		0.8383	0.1617		
	-7.3			7.3	-31.14			31.14		
2.40	4.90		5.70	5.70	1.54		-26.10	-5.04		12
0.63	2.85		3.87	2.45	-2.52		-5.45	0.77		
-1.14	-2.33		-0.91	-0.91	-0.24		3.92	0.76		
1.88	-1.88		8.65	14.54	-32.37		-27.63	27.63		
0.2472	0.5056	0.2472	0.4106	0.1408	0.038	0.4106	0.456	0.088	0.456	
	-5.06			5.06	-23.89			23.89		
1.25	2.56	1.25	7.73	2.65	0.72	7.73	-10.89	-2.10	-10.89	11
0.63	1.33	1.20	3.87	1.28	-1.05	2.85	-5.45	0.36	-13.05	
-0.78	-1.59	-0.78	-2.85	-0.98	-0.26	-2.85	8.27	1.60	8.27	
1.10	-2.77	1.67	8.75	8.01	-24.49	7.73	-8.07	23.74	-15.67	
0.2472	0.5056	0.2472	0.4106	0.1408	0.038	0.4106	0.456	0.088	0.456	
	-5.06			5.06	-23.89			23.89		
1.25	2.56	1.25	7.73	2.65	0.72	7.73	-10.89	-2.10	-10.89	10
0.63	1.33	0.63	3.87	1.28	-1.05	3.87	-5.45	0.36	-5.45	
-0.64	-1.30	-0.64	-3.27	-1.12	-0.30	-3.27	4.80	0.93	4.80	
1.24	-2.48	1.24	8.33	7.87	-24.53	8.33	-11.54	23.07	-11.54	
0.2472	0.5056	0.2472	0.4106	0.1408	0.038	0.4106	0.456	0.088	0.456	
	-5.06			5.06	-23.89			23.89		
1.25	2.56	1.25	7.73	2.65	0.72	7.73	-10.89	-2.10	-10.89	9
0.63	1.33	0.63	3.87	1.28	-1.05	3.87	-5.45	0.36	-5.45	
-0.64	-1.30	-0.64	-3.27	-1.12	-0.30	-3.27	4.80	0.93	4.80	
1.24	-2.48	1.24	8.33	7.87	-24.53	8.33	-11.54	23.07	-11.54	
0.2472	0.5056	0.2472	0.4106	0.1408	0.038	0.4106	0.456	0.088	0.456	
	-5.06			5.06	-23.89			23.89		
1.25	2.56	1.25	7.73	2.65	0.72	7.73	-10.89	-2.10	-10.89	8
0.63	1.33	0.63	3.87	1.28	-1.05	3.87	-5.45	0.36	-5.45	
-0.64	-1.30	-0.64	-3.27	-1.12	-0.30	-3.27	4.80	0.93	4.80	
1.24	-2.48	1.24	8.33	7.87	-24.53	8.33	-11.54	23.07	-11.54	
0.2472	0.5056	0.2472	0.4106	0.1408	0.038	0.4106	0.456	0.088	0.456	
	-5.06			5.06	-23.89			23.89		
1.25	2.56	1.25	7.73	2.65	0.72	7.73	-10.89	-2.10	-10.89	7
0.63	1.33	0.63	3.87	1.28	-1.05	3.87	-5.45	0.36	-5.45	
-0.64	-1.30	-0.64	-3.27	-1.12	-0.30	-3.27	4.80	0.93	4.80	
1.24	-2.48	1.24	8.33	7.87	-24.53	8.33	-11.54	23.07	-11.54	
0.2472	0.5056	0.2472	0.4106	0.1408	0.038	0.4106	0.456	0.088	0.456	
	-5.06			5.06	-23.89			23.89		
1.25	2.56	1.25	7.73	2.65	0.72	7.73	-10.89	-2.10	-10.89	6
0.63	1.33	0.63	3.87	1.28	-1.05	3.87	-5.45	0.36	-5.45	
-0.64	-1.30	-0.64	-3.27	-1.12	-0.30	-3.27	4.80	0.93	4.80	
1.24	-2.48	1.24	8.33	7.87	-24.53	8.33	-11.54	23.07	-11.54	
0.2472	0.5056	0.2472	0.4106	0.1408	0.038	0.4106	0.456	0.088	0.456	
	-5.06			5.06	-23.89			23.89		
1.25	2.56	1.25	7.73	2.65	0.72	7.73	-10.89	-2.10	-10.89	5
0.63	1.33	0.63	3.87	1.28	-1.05	3.87	-5.45	0.36	-5.45	
-0.64	-1.30	-0.64	-3.27	-1.12	-0.30	-3.27	4.80	0.93	4.80	
1.24	-2.48	1.24	8.33	7.87	-24.53	8.33	-11.54	23.07	-11.54	
0.2472	0.5056	0.2472	0.4106	0.1408	0.038	0.4106	0.456	0.088	0.456	
	-5.06			5.06	-23.89			23.89		
1.25	2.56	1.25	7.73	2.65	0.72	7.73	-10.89	-2.10	-10.89	4
0.63	1.33	0.63	3.87	1.28	-1.05	3.87	-5.45	0.36	-5.45	
-0.64	-1.30	-0.64	-3.27	-1.12	-0.30	-3.27	4.80	0.93	4.80	
1.24	-2.48	1.24	8.33	7.87	-24.53	8.33	-11.54	23.07	-11.54	
0.2472	0.5056	0.2472	0.4106	0.1408	0.038	0.4106	0.456	0.088	0.456	
	-5.06			5.06	-23.89			23.89		
1.25	2.56	1.25	7.73	2.65	0.72	7.73	-10.89	-2.10	-10.89	3
0.63	1.33	0.63	3.87	1.28	-1.05	3.87	-5.45	0.36	-5.45	
-0.64	-1.30	-0.64	-3.27	-1.12	-0.30	-3.27	4.80	0.93	4.80	
1.24	-2.48	1.24	8.33	7.87	-24.53	8.33	-11.54	23.07	-11.54	
0.2472	0.5056	0.2472	0.4106	0.1408	0.038	0.4106	0.456	0.088	0.456	
	-5.06			5.06	-23.89			23.89		
1.25	2.56	1.25	7.73	2.65	0.72	7.73	-10.89	-2.10	-10.89	2
0.63	1.33	0.63	3.87	1.28	-1.05	3.87	-5.45	0.36	-5.45	
-0.64	-1.30	-0.64	-3.27	-1.12	-0.30	-3.27	4.80	0.93	4.80	
1.24	-2.48	1.24	8.33	7.87	-24.53	8.33	-11.54	23.07	-11.54	
0.2472	0.5056	0.2472	0.4106	0.1408	0.038	0.4106	0.456	0.088	0.456	
	-5.06			5.06	-23.89			23.89		
1.25	2.56	1.25	7.73	2.65	0.72	7.73	-10.89	-2.10	-10.89	1
0.00	1.33	0.63	0.00	1.28	-1.05	3.87	0.00	0.36	-5.45	
-0.48	-0.99	-0.48	-1.68	-0.58	-0.16	-1.68	2.32	0.45	2.32	
0.77	-2.16	1.39	6.05	8.41	-24.38	9.92	-8.57	22.59	-14.02	
0.38			3.03				-4.29			

壁柱1　　　　　　壁柱2　　　　　　壁柱3

图 7.24　YSW-1 非震时,在 $1.2G_k + 1.4Q_k$ 作用下壁梁、
壁柱弯矩计算(单位:kN·m)

$$M_{01b} = -M_{10b} = -\frac{ql^2}{12} = -\frac{5.5 \times 3.7^2}{12} = -6.27(\text{kN} \cdot \text{m})$$

$$M_{01} = -M_{10} = M_{01a} + M_{01b} = -24.87 - 6.27 = -31.14(\text{kN} \cdot \text{m})$$

$$M_{max} = M_{max1} + M_{max2}$$

$$= \frac{34.88 \times \frac{3.7}{2} \times 3.7}{24} \times \left(3 - 4 \times \frac{1}{2} + 2 \times \frac{1}{4}\right) + \frac{5.5 \times 3.7^2}{24}$$

$$= 18.06(\text{kN} \cdot \text{m})$$

同理，可求得其他各梁固端弯矩。

2. YSW - 1 非震作用时 $1.2G_k + 1.4Q_k$ 作用下壁梁壁柱弯矩计算

二次弯矩分配法计算过程如图 7.24 所示，弯矩图如图 7.25 所示。

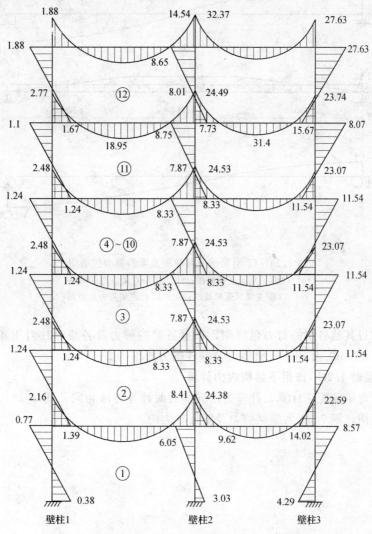

图 7.25　YSW - 1 非震时在 $1.2G_k + 1.4Q_k$ 作用下壁梁、
壁柱弯矩（单位：kN·m）

3. YSW-1 墙非震作用时 $1.2G_k+1.4Q_k$ 作用下壁梁剪力及壁柱轴力计算

（1）计算方法。由材料力学的知识可知，此时梁两端支座类型看作简支，在荷载及梁端弯矩作用下计算壁梁剪力，然后根据壁梁剪力求壁柱轴力。

（2）计算 12 层右梁剪力，如图 7.26 所示。

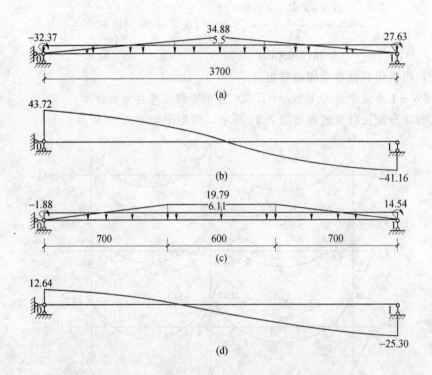

图 7.26　12 层梁承受荷载图及梁的剪力包络图

(a) 12 层右梁承受荷载图；(b) 12 层右梁剪力包络图；
(c) 12 层左梁承受荷载图；(d) 12 层左梁剪力包络图

同理可求得其他各梁的剪力包络图，根据各梁的剪力及各层壁柱自重求 YSW-1 非震时在 $1.2G_k+1.4Q_k$ 作用下壁梁剪力及壁柱轴力如图 7.27 所示。

7.4.4.3　地震时 $1.2G_E$ 作用下结构内力计算

采用二次弯矩分配法计算，计算方法同非震时计算方法相同。图 7.28、图 7.29 为壁梁、壁柱弯矩图，图 7.30 为壁梁剪力及壁柱轴力图。

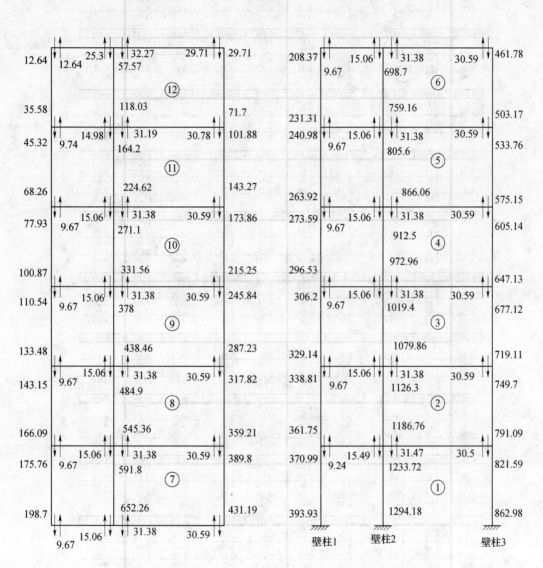

图 7.27　YSW－1 非震时在 $1.2G_k+1.4Q_k$ 作用下壁梁剪力、壁柱轴力（单位：kN）

下柱	右梁	上柱	下柱	左梁	右梁	上柱	下柱	左梁	上柱	层
0.3284	0.6716		0.2389	0.2389	0.0644		0.8383	0.1617		
	-5.93			5.93	-24.68			24.68		
1.95	3.98		4.48	4.48	1.21		-20.69	-3.99		12
0.52	2.24		3.20	1.99	-2.00		-4.06	0.60		
-0.91	-1.85		-0.76	-0.76	-0.21		2.89	0.56		
1.56	-1.56		6.92	11.64	-25.67		-21.85	21.85		
0.2472	0.5056	0.2472	0.4106	0.1408	0.038	0.4106	0.456	0.088	0.456	
	-4.19			4.19	-19.79			17.79		
1.04	2.12	1.04	6.41	2.20	0.59	6.41	-8.11	-1.57	-8.11	11
0.52	1.10	0.97	3.20	1.06	-0.78	2.24	-4.06	0.30	-10.34	
-0.64	-1.31	-0.64	-2.35	-0.81	-0.22	-2.35	6.43	1.24	6.43	
0.91	-2.28	1.37	7.26	6.64	-20.20	6.30	-5.74	17.76	-12.03	
0.2472	0.5056	0.2472	0.4106	0.1408	0.038	0.4106	0.456	0.088	0.456	
	-4.19			4.19	-19.79			17.79		
1.04	2.12	1.04	6.41	2.20	0.59	6.41	-8.11	-1.57	-8.11	10
0.52	1.10	0.52	3.20	1.06	-0.78	3.20	-4.06	0.30	-4.06	
-0.53	-1.08	-0.53	-2.74	-0.94	-0.25	-2.74	3.56	0.69	3.56	
1.03	-2.05	1.03	6.86	6.50	-20.23	6.86	-8.60	17.21	-8.60	
0.2472	0.5056	0.2472	0.4106	0.1408	0.038	0.4106	0.456	0.088	0.456	
	-4.19			4.19	-19.79			17.79		
1.04	2.12	1.04	6.41	2.20	0.59	6.41	-8.11	-1.57	-8.11	9
0.52	1.10	0.52	3.20	1.06	-0.78	3.20	-4.06	0.30	-4.06	
-0.53	-1.08	-0.53	-2.74	-0.94	-0.25	-2.74	3.56	0.69	3.56	
1.03	-2.05	1.03	6.86	6.50	-20.23	6.86	-8.60	17.21	-8.60	
0.2472	0.5056	0.2472	0.4106	0.1408	0.038	0.4106	0.456	0.088	0.456	
	-4.19			4.19	-19.79			17.79		
1.04	2.12	1.04	6.41	2.20	0.59	6.41	-8.11	-1.57	-8.11	8
0.52	1.10	0.52	3.20	1.06	-0.78	3.20	-4.06	0.30	-4.06	
-0.53	-1.08	-0.53	-2.74	-0.94	-0.25	-2.74	3.56	0.69	3.56	
1.03	-2.05	1.03	6.86	6.50	-20.23	6.86	-8.60	17.21	-8.60	
0.2472	0.5056	0.2472	0.4106	0.1408	0.038	0.4106	0.456	0.088	0.456	
	-4.19			4.19	-19.79			17.79		
1.04	2.12	1.04	6.41	2.20	0.59	6.41	-8.11	-1.57	-8.11	7
0.52	1.10	0.52	3.20	1.06	-0.78	3.20	-4.06	0.30	-4.06	
-0.53	-1.08	-0.53	-2.74	-0.94	-0.25	-2.74	3.56	0.69	3.56	
1.03	-2.05	1.03	6.86	6.50	-20.23	6.86	-8.60	17.21	-8.60	
0.2472	0.5056	0.2472	0.4106	0.1408	0.038	0.4106	0.456	0.088	0.456	
	-4.19			4.19	-19.79			17.79		
1.04	2.12	1.04	6.41	2.20	0.59	6.41	-8.11	-1.57	-8.11	6
0.52	1.10	0.52	3.20	1.06	-0.78	3.20	-4.06	0.30	-4.06	
-0.53	-1.08	-0.53	-2.74	-0.94	-0.25	-2.74	3.56	0.69	3.56	
1.03	-2.05	1.03	6.86	6.50	-20.23	6.86	-8.60	17.21	-8.60	
0.2472	0.5056	0.2472	0.4106	0.1408	0.038	0.4106	0.456	0.088	0.456	
	-4.19			4.19	-19.79			17.79		
1.04	2.12	1.04	6.41	2.20	0.59	6.41	-8.11	-1.57	-8.11	5
0.52	1.10	0.52	3.20	1.06	-0.78	3.20	-4.06	0.30	-4.06	
-0.53	-1.08	-0.53	-2.74	-0.94	-0.25	-2.74	3.56	0.69	3.56	
1.03	-2.05	1.03	6.86	6.50	-20.23	6.86	-8.60	17.21	-8.60	
0.2472	0.5056	0.2472	0.4106	0.1408	0.038	0.4106	0.456	0.088	0.456	
	-4.19			4.19	-19.79			17.79		
1.04	2.12	1.04	6.41	2.20	0.59	6.41	-8.11	-1.57	-8.11	4
0.52	1.10	0.52	3.20	1.06	-0.78	3.20	-4.06	0.30	-4.06	
-0.53	-1.08	-0.53	-2.74	-0.94	-0.25	-2.74	3.56	0.69	3.56	
1.03	-2.05	1.03	6.86	6.50	-20.23	6.86	-8.60	17.21	-8.60	
0.2472	0.5056	0.2472	0.4106	0.1408	0.038	0.4106	0.456	0.088	0.456	
	-4.19			4.19	-19.79			17.79		
1.04	2.12	1.04	6.41	2.20	0.59	6.41	-8.11	-1.57	-8.11	3
0.52	1.10	0.52	3.20	1.06	-0.78	3.20	-4.06	0.30	-4.06	
-0.53	-1.08	-0.53	-2.74	-0.94	-0.25	-2.74	3.56	0.69	3.56	
1.03	-2.05	1.03	6.86	6.50	-20.23	6.86	-8.60	17.21	-8.60	
0.2472	0.5056	0.2472	0.4106	0.1408	0.038	0.4106	0.456	0.088	0.456	
	-4.19			4.19	-19.79			17.79		
1.04	2.12	1.04	6.41	2.20	0.59	6.41	-8.11	-1.57	-8.11	2
0.52	1.10	0.52	3.20	1.06	-0.78	3.20	-4.06	0.30	-4.06	
-0.53	-1.08	-0.53	-2.74	-0.94	-0.25	-2.74	3.56	0.69	3.56	
1.03	-2.05	1.03	6.86	6.50	-20.23	6.86	-8.60	17.21	-8.60	
0.2472	0.5056	0.2472	0.4106	0.1408	0.038	0.4106	0.456	0.088	0.456	
	-4.19			4.19	-19.79			17.79		
1.04	2.12	1.04	6.41	2.20	0.59	6.41	-8.11	-1.57	-8.11	1
0.00	1.10	0.52	0.00	1.06	-0.78	3.20	0.00	0.30	-4.06	
-0.40	-0.82	-0.40	-1.43	-0.49	-0.13	-1.43	1.71	0.33	1.71	
0.64	-1.79	1.15	4.98	6.96	-20.11	8.18	-6.40	16.85	-10.45	
0.32			2.49				-3.20			
壁柱1			壁柱2				壁柱3			

图 7.28　YSW-1 地震时在 $1.2G_E$ 作用下壁梁、壁柱弯矩计算（单位：kN·m）

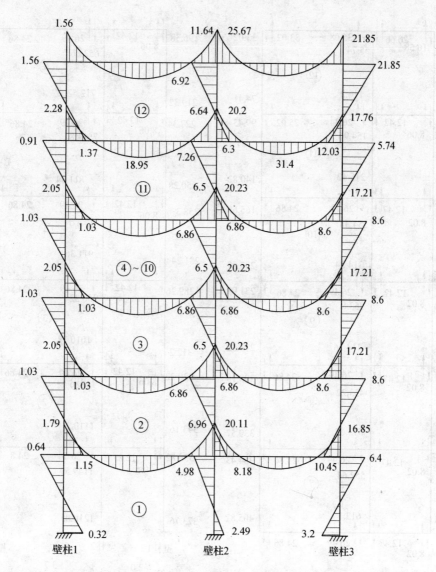

图 7.29　YSW-1 地震时在 $1.2G_E$ 作用下壁梁、壁柱弯矩计算（单位：kN·m）

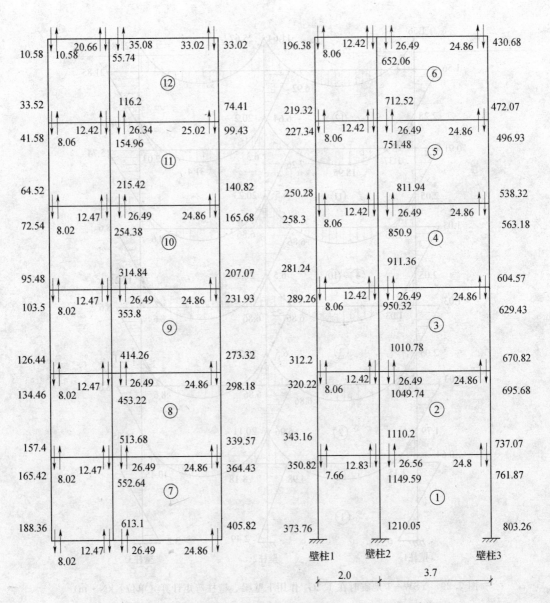

图 7.30 YSW-1 地震时在 $1.2G_E$ 作用下壁梁剪力、壁柱轴力（单位：kN）

第8章　剪力墙内力组合和截面设计

8.1　剪力墙的内力组合

当不考虑地震设计时，内力组合设计值的计算公式为

$$S = \gamma_G C_G G_K + \psi \sum_{i=1}^{n} \gamma_{Qi} C_{Qi} Q_{ik}$$

当考虑地震设计时，内力组合设计值的计算公式为

$$S = \gamma_G C_G G_E + \gamma_{Eh} C_{Eh} E_{Ek} + \psi_w \gamma_w C_w W_k$$

式中　　　　S——结构构件效应组合的设计值；

　　　　　γ_G——永久荷载的分项系数；

　　　　　G_k——永久荷载的标准值；

　　　　　γ_{Qi}——第 i 个可变荷载的分项系数；

　　　　　Q_{ik}——第 i 个可变荷载的标准值；

　C_G、C_{Qi}——分别为永久荷载、第 i 个可变荷载的荷载效应系数；

　　　　　C_{Eh}——地震作用效应系数；

　　　　　C_w——风荷载效应系数；

　　　　　ψ——荷载组合值系数；

G_e、E_{Ek}、W_k——分别为重力荷载代表值、水平地震作用标准值、风荷载标准值；

　　　　　γ_w——风荷载效应分项系数；

　　　　　γ_{Eh}——水平地震作用分项系数。

比较各片剪力墙非抗震时内力和地震时内力可知，墙肢平面内偏压、偏拉内力以及连梁内力均由内力控制，故内力组合时对非震时内力仅列出轴力。

8.1.1　整体墙 YSW-3 的内力组合

表 8.1 是整体墙 YSW-3 地震时和非震时的内力组合计算结果。

表 8.1　　　　　　　　　　　　　整体墙 YSW-3 内力组合

楼 层		地 震 时			非 震 时
		$1.2 G_G G_E$	$1.3 G_{Eh} F_{Ek}$		$1.2 C_G G_k + 1.4 C_Q Q_k$
		N/kN	V/kN	$M/(\text{kN} \cdot \text{m})$	N/kN
12	顶	56.21	−3.202	0	59.58
	底	133.88	5.557	−3.472	137.25
11	顶	194.36	5.557	−3.472	210.22
	底	272.03	13.605	−30.456	287.89
10	顶	332.51	13.605	−30.456	360.86
	底	410.18	21.016	−79.066	438.53

续表

楼　层		地　震　时			非　震　时
		$1.2G_GG_E$	$1.3G_{Eh}F_{Ek}$		$1.2C_GG_k+1.4C_QQ_k$
		N/kN	V/kN	$M/(kN\cdot m)$	N/kN
9	顶	470.66	21.016	−79.066	511.50
	底	548.33	27.856	−147.612	589.17
8	顶	608.81	27.856	−147.612	662.14
	底	686.48	34.189	−234.586	739.81
7	顶	746.96	34.189	−234.586	812.78
	底	824.63	40.073	−338.652	890.45
6	顶	885.11	40.073	−338.652	963.42
	底	962.78	45.562	−458.627	1041.09
5	顶	1023.26	45.562	−458.627	1114.06
	底	1100.93	50.705	−593.476	1191.73
4	顶	1161.41	50.705	−593.476	1264.7
	底	1239.08	55.551	−742.299	1342.37
3	顶	1299.56	55.551	−742.299	1415.34
	底	1377.23	60.143	−904.325	1493.01
2	顶	1437.71	60.143	−904.325	1565.98
	底	1515.38	64.524	−1078.903	1643.65
1	顶	1575.86	64.524	−1078.903	1716.62
	底	1653.53	68.733	−1265.498	1794.29

注　表中$1.3C_{Eh}F_{Ek}$栏内力为左向水平地震作用下的内力，右向水平地震作用下内力数值相同，符号相反。

8.1.2　整体小开口墙 YSW‑4 内力组合

表8.2和表8.3是整体小开口墙 YSW‑4 非震时和地震时的内力组合计算结果。

表 8.2　　　　　　　　　　整体小开口墙 YSW‑4 非震时内力组合　　　　　　单位：kW

楼层		墙肢 1				墙肢 2			
		$1.2C_GG_k+$ $1.4C_QQ_k$	$1.4C_WW_k$	内力组合		$1.2C_GG_k+$ $1.4C_QQ_k$	$1.4C_WW_k$	内力组合	
		N	N	N	N	N	N	N	N
12	顶	58.83	0	58.83	58.83	98.75	0	98.75	98.75
	底	112.92	4.939	117.859	107.981	163.84	−4.939	158.901	168.779
11	顶	158.51	4.939	163.449	153.571	245.34	−4.939	240.401	250.279
	底	212.6	4.472	217.072	208.128	310.43	−4.472	305.958	314.902
10	顶	258.19	4.472	262.662	253.718	391.93	−4.472	387.458	396.402
	底	312.28	−1.065	311.215	313.345	457.02	1.065	458.085	455.955
9	顶	357.87	−1.065	356.805	358.935	538.52	1.065	539.585	537.455
	底	411.96	−11.379	400.581	423.339	603.61	11.379	614.989	592.231
8	顶	457.55	−11.379	446.171	468.929	685.11	11.379	696.489	673.731
	底	511.64	−26.224	485.416	537.864	750.2	26.224	776.424	723.976
7	顶	557.23	−26.224	531.006	583.454	831.7	26.224	857.924	805.476
	底	611.32	−45.392	565.928	656.712	896.79	45.392	942.182	851.398

续表

楼层		墙肢 1				墙肢 2			
		$1.2C_GG_k+$ $1.4C_QQ_k$	$1.4C_WW_k$	内力组合		$1.2C_GG_k+$ $1.4C_QQ_k$	$1.4C_WW_k$	内力组合	
		N	N	N	N	N	N	N	N
6	顶	656.91	−45.392	611.518	702.302	978.29	45.392	1023.682	932.898
	底	711	−68.717	642.283	779.717	1043.38	68.717	1112.097	974.663
5	顶	756.59	−68.717	687.873	825.307	1124.88	68.717	1193.597	1056.163
	底	810.68	−96.07	714.61	906.75	1189.97	96.07	1286.04	1093.9
4	顶	856.27	−96.07	760.2	952.34	1271.47	96.07	1367.54	1175.4
	底	910.36	−127.36	783	1037.72	1336.56	127.36	1463.92	1209.2
3	顶	955.95	−127.36	828.59	1083.31	1418.06	127.36	1545.42	1290.7
	底	1010.04	−162.53	847.51	1172.57	1483.15	162.53	1645.68	1320.62
2	顶	1055.63	−162.53	893.1	1218.16	1564.65	162.53	1727.18	1402.12
	底	1109.72	−201.56	908.16	1311.28	1629.74	201.56	1831.3	1428.18
1	顶	1155.31	−201.56	953.75	1356.87	1711.24	201.56	1912.8	1509.68

注 1. 表中 $1.4C_WW_K$ 栏内力为左吹风时的内力，右吹风时的内力数值相同，符号相反。

     2. 组合内力栏为竖向荷载分别与左吹风、右吹风组合后的内力。

表 8.3   **整体小开口墙 YSW - 4 地震时内力组合**

楼层		墙肢 1						墙肢 2						连梁内力	
		$1.2C_GG_E$	$1.3C_{Eh}F_{Ek}$			组合内力		$1.2C_GG_E$	$1.3C_{Eh}F_{Ek}$			组合内力			
		N /kN	N /kN	V /kN	M /(kN·m)	N /kN	N /kN	N /kN	N /kN	V /kN	M /(kN·m)	N /kN	N /kN	V_b /kN	M_b /(kN·m)
12	顶	46.67	0	−3.18	0	46.67	46.67	76.68	0	−4.87	0	76.68	76.68	1.672	0.752
	底	100.76	−1.67	5.524	−0.873	99.09	102.43	141.77	1.672	8.451	−1.669	143.44	140.10		
11	顶	144.4	−1.67	5.524	−0.873	142.73	146.07	219.78	1.672	8.451	−1.669	221.45	218.11	13	5.848
	底	198.49	−14.67	13.52	−7.659	183.82	213.16	284.87	14.67	20.69	−14.64	299.54	270.20		
10	顶	242.13	−14.67	13.52	−7.659	227.46	256.80	362.88	14.67	20.69	−14.64	377.55	348.21	23.41	10.53
	底	296.22	−38.08	20.89	−19.88	258.15	334.30	427.97	38.08	31.96	−38.02	466.05	389.90		
9	顶	339.86	−38.08	20.89	−19.88	301.79	377.94	505.98	38.08	31.96	−38.02	544.06	467.91	33.01	14.86
	底	393.95	−71.09	27.69	−37.12	322.87	465.04	571.07	71.09	42.36	−70.97	642.16	499.99		
8	顶	437.59	−71.09	27.69	−37.12	366.51	508.68	649.08	71.09	42.36	−70.97	720.17	578.00	41.88	18.85
	底	491.68	−113	33.99	−58.99	378.71	604.65	714.17	113	51.99	−112.8	827.14	601.20		
7	顶	535.32	−113	33.99	−58.99	422.35	648.29	792.18	113	51.99	−112.8	905.15	679.21	50.12	22.55
	底	589.41	−163.1	39.84	−85.16	426.33	752.49	857.27	163.1	60.94	−162.8	1020.35	694.19		
6	顶	633.05	−163.1	39.84	−85.16	469.97	796.13	935.28	163.1	60.94	−162.8	1098.36	772.20	57.78	26
	底	687.14	−220.9	45.29	−115.3	466.24	908.00	1000.37	220.9	69.28	−220.5	1221.23	779.51		
5	顶	730.78	−220.9	45.29	−115.3	509.92	951.64	1078.38	220.9	69.28	−220.5	1299.24	857.52	64.94	29.22
	底	784.87	−285.8	50.41	−149.2	499.07	1070.67	1143.47	285.8	77.11	−285.4	1429.27	857.67		
4	顶	828.51	−285.8	50.41	−149.2	542.71	1114.31	1221.48	285.8	77.11	−285.4	1507.28	935.68	71.67	32.25
	底	882.6	−357.5	55.22	−186.7	525.13	1240.07	1286.57	357.5	84.47	−356.9	1644.04	929.10		

楼层		墙肢1						墙肢2						连梁内力	
		$1.2C_GG_E$	$1.3C_{Eh}F_{Ek}$			组合内力		$1.2C_GG_E$	$1.3C_{Eh}F_{Ek}$			组合内力			
		N	N	V	M	N	N	N	N	V	M	N	N	V_b	M_b
		/kN	/kN	/kN	/(kN·m)	/kN	/kN	/kN	/kN	/kN	/(kN·m)	/kN	/kN	/kN	/(kN·m)
3	顶	926.24	−357.5	55.22	−186.7	568.77	1283.71	1364.58	357.5	84.47	−356.9	1722.05	1007.11	78.03	35.11
	底	980.33	−435.5	59.79	−227.4	544.84	1415.82	1429.67	435.5	91.46	−434.8	1865.16	994.18		
2	顶	1023.97	−435.5	59.79	−227.4	588.48	1459.46	1507.68	435.5	91.46	−434.8	1943.17	1072.19	84.07	37.83
	底	1078.06	−519.6	64.14	−271.3	558.49	1597.63	1572.77	519.6	98.12	−518.8	2092.34	1053.20		
1	顶	1121.7	−519.6	64.14	−271.3	602.13	1641.27	1650.78	519.6	98.12	−518.8	2170.35	1131.21	89.86	40.44
	底	1175.79	−609.4	68.33	−318.2	566.37	1785.21	1715.87	609.4	104.5	−608.5	2325.29	1106.45		

注　1. 表中 $1.3C_{Eh}F_{Ek}$ 栏内力及连梁内力为左向水平地震作用下的内力，右向水平地震作用下的内力数值相同，符号相反。

　　2. 组合内力栏为重力荷载代表值分别与左向水平地震作用、右向水平地震作用组合后的内力。

8.1.3　双肢墙 YSW-2 内力组合

表 8.4 和表 8.5 为双肢墙 YSW-2 非震时和地震时的内力组合计算结果。

表 8.4　　　　　　　　　　双肢墙 YSW-2 非震时内力组合　　　　　　　　单位：kN

楼层		墙肢1				墙肢2			
		$1.2C_GG_k+$ $1.4C_QQ_k$	$1.4C_wW_k$	内力组合		$1.2C_GG_k+$ $1.4C_QQ_k$	$1.4C_wW_k$	内力组合	
		N	N	N	N	N	N	N	N
12	顶	123.02	−1.029	121.99	124.05	30.48	1.029	31.51	29.45
	底	233.05	−0.524	232.53	233.57	46.2	0.524	46.71	45.69
11	顶	328.67	−0.524	328.15	329.19	72.22	0.524	72.73	71.71
	底	438.7	3.8794	442.58	434.82	87.94	−3.8794	84.42	91.46
10	顶	534.32	3.8794	538.20	530.44	113.96	−3.8794	110.44	117.48
	底	644.35	12.463	656.81	631.89	129.68	−12.463	117.70	141.66
9	顶	739.97	12.463	752.43	727.51	155.7	−12.463	143.72	167.68
	底	850	25.881	875.88	824.12	171.42	−25.881	146.14	196.70
8	顶	945.62	25.881	971.50	919.74	197.44	−25.881	172.16	222.72
	底	1055.65	44.259	1099.91	1011.39	213.16	−44.259	169.62	256.70
7	顶	1151.27	44.259	1195.53	1107.01	239.18	−44.259	195.64	282.72
	底	1261.3	67.522	1328.82	1193.78	254.9	−67.522	188.25	321.55
6	顶	1356.92	67.522	1424.44	1289.40	280.92	−67.522	214.27	347.57
	底	1466.95	95.342	1562.29	1371.61	296.64	−95.342	202.28	391.00
5	顶	1562.57	95.342	1657.91	1467.23	322.66	−95.342	228.30	417.02
	底	1672.6	126.96	1799.56	1545.64	338.38	−126.96	212.48	464.28
4	顶	1768.22	126.96	1895.18	1641.26	364.4	−126.96	238.50	490.30
	底	1878.25	160.72	2038.97	1717.53	380.12	−160.72	220.53	539.71
3	顶	1973.87	160.72	2134.59	1813.15	406.14	−160.72	246.55	565.73
	底	2083.9	193.18	2277.08	1890.72	421.86	−193.18	229.90	613.82
2	顶	2179.52	193.18	2372.70	1986.34	447.88	−193.18	255.92	639.84
	底	2289.55	217.05	2506.60	2072.50	463.6	−217.05	247.93	679.27
1	顶	2385.17	217.05	2602.22	2168.12	489.62	−217.05	273.95	705.29
	底	2495.2	217.05	2712.25	2278.15	505.34	−217.05	289.67	721.01

注　1. 表中 $1.4C_wW_k$ 栏内力为左吹风时的内力，右吹风时的内力数值相同，符号相反。

　　2. 组合内力栏为竖向荷载分别与左吹风、右吹风组合后的内力。

表 8.5 双肢墙 YSW-2 地震时内力组合

楼层		墙肢1						墙肢2						连梁内力	
		$1.2C_GG_E$	$1.3C_{Eh}F_{Ek}$			组合内力		$1.2C_GG_E$	$1.3C_{Eh}F_{Ek}$			组合内力			
		N /kN	N /kN	V /kN	M /(kN·m)	N /kN	N /kN	N /kN	N /kN	V /kN	M /(kN·m)	N /kN	N /kN	V_b /kN	M_b /(kN·m)
12	顶	97.08	9.65	−7.45	13.269	106.73	87.43	23.37	−9.65	−0.04	0.005	13.72	33.02	9.654	5.549
	底	207.11	22.36	10.39	15.095	229.47	184.75	39.09	−22.36	0.049	0.006	16.73	61.45		
11	顶	285.93	22.36	10.39	26.586	308.29	263.57	78.25	−22.36	0.049	0.011	55.89	100.61	12.7	57.302
	底	395.96	41.93	28.23	−15.78	437.89	354.03	93.97	−41.93	0.133	−0.01	52.04	135.90		
10	顶	474.78	41.93	28.23	−0.808	516.71	432.85	133.13	−41.93	0.133	0	91.20	175.06	19.58	11.25
	底	584.81	70.17	46.06	−87.36	654.98	514.64	148.85	−70.17	0.218	−0.03	78.68	219.02		
9	顶	663.63	70.17	46.06	−66.45	733.80	593.46	188.01	−70.17	0.218	−0.03	117.84	258.18	28.24	16.23
	底	773.66	107.85	63.9	−197.2	881.51	665.81	203.73	−107.85	0.302	−0.08	95.88	311.58		
8	顶	852.48	107.85	63.9	−169.3	960.33	744.63	242.89	−107.85	0.302	−0.07	135.04	350.74	37.68	21.66
	底	962.51	155.21	81.73	−344.2	1117.72	807.30	258.61	−155.21	0.386	−0.14	103.40	413.82		
7	顶	1041.33	155.21	81.73	−309	1196.54	886.12	297.77	−155.21	0.386	−0.12	142.56	452.98	47.36	27.23
	底	1151.36	212.06	99.57	−528.1	1363.42	939.30	313.49	−212.06	0.47	−0.21	101.43	525.55		
6	顶	1230.18	212.06	99.57	−485.7	1442.24	1018.12	352.65	−212.06	0.47	−0.19	140.59	564.71	56.85	32.68
	底	1340.21	277.68	117.4	−749.2	1617.89	1062.53	368.37	−277.68	0.555	−0.3	90.69	646.05		
5	顶	1419.03	277.68	117.4	−700.6	1696.71	1141.35	407.53	−277.68	0.555	−0.28	129.85	685.21	65.62	37.73
	底	1529.06	350.41	135.2	−1008	1879.47	1178.65	423.25	−350.41	0.639	−0.4	72.84	773.66		
4	顶	1607.88	350.41	135.2	−955.9	1958.29	1257.47	462.41	−350.41	0.639	−0.38	112.00	812.82	72.74	41.82
	底	1717.91	427.23	153.1	−1308	2145.14	1290.68	478.13	−427.23	0.723	−0.52	50.90	905.36		
3	顶	1796.73	427.23	153.1	−1256	2223.96	1369.50	517.29	−427.23	0.723	−0.5	90.06	944.52	76.3	43.87
	底	1906.76	499.61	170.9	−1654	2406.37	1407.16	533.01	−499.61	0.807	−0.66	33.41	1032.62		
2	顶	1985.58	499.61	170.9	−1613	2485.19	1485.98	572.17	−499.61	0.807	−0.65	72.57	1071.78	72.38	41.62
	底	2095.61	552.32	188.8	−2055	2647.93	1543.29	587.89	−552.32	0.892	−0.82	35.57	1140.21		
1	顶	2174.4	552.32	188.8	−2046	2726.72	1622.08	627.05	−552.32	0.892	−0.82	74.73	1179.37	52.71	30.31
	底	2284.46	552.32	206.6	−2535	2836.78	1732.14	642.77	−552.32	0.976	−1.01	90.45	1195.09		

注 1. 表中 $1.3C_{Eh}F_{Ek}$ 栏内力及连梁内力为左向水平地震作用下的内力，右向水平地震作用下的内力数值相同，符号相反。

2. 组合内力栏为重力荷载代表值分别与左向水平地震作用、右向水平地震作用组合后的内力。

8.1.4 壁式框架 YSW-1 内力组合

图 8.1 为 YSW-1 在 $1.2G_E + 1.3F_{Ek}$ (→) 作用下的壁梁、壁柱弯矩图，图 8.2 为壁梁剪力和壁柱轴力图。

图 8.3 为 YSW-1 在 $1.2G_E + 1.3F_{Ek}$ (←) 作用下的壁梁、壁柱弯矩图，图 8.4 为壁梁剪力和壁柱轴力图。

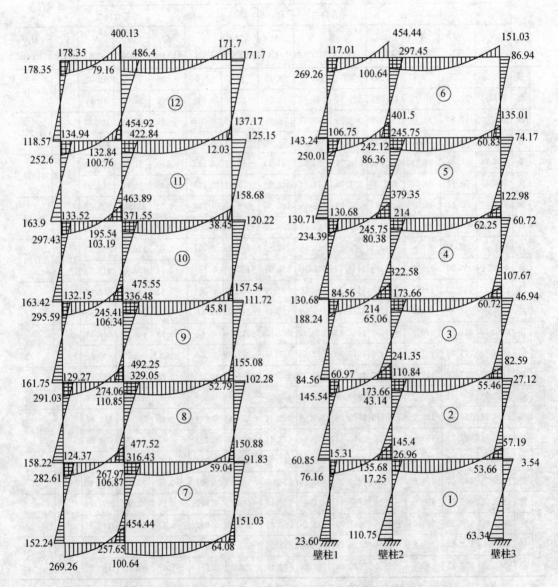

图 8.1　YSW-1 在 $1.2G_E + 1.3F_{Ek}$（→）作用下壁梁、壁柱弯矩图（单位：kN·m）

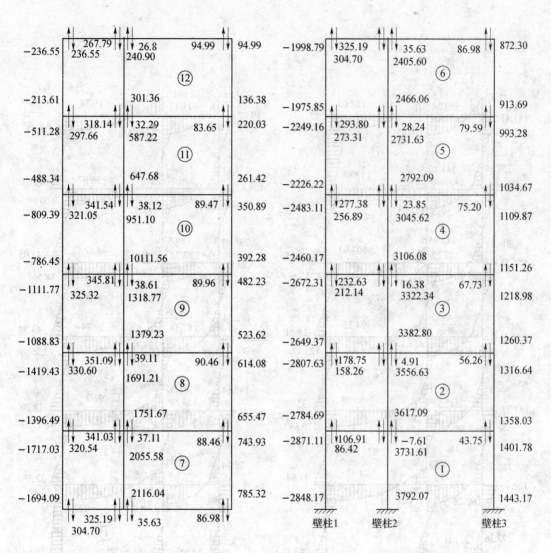

图 8.2　YSW－1 在 1.2G_E＋1.3F_{Ek}（→）作用下壁梁剪力、壁柱轴力图（单位：kN）

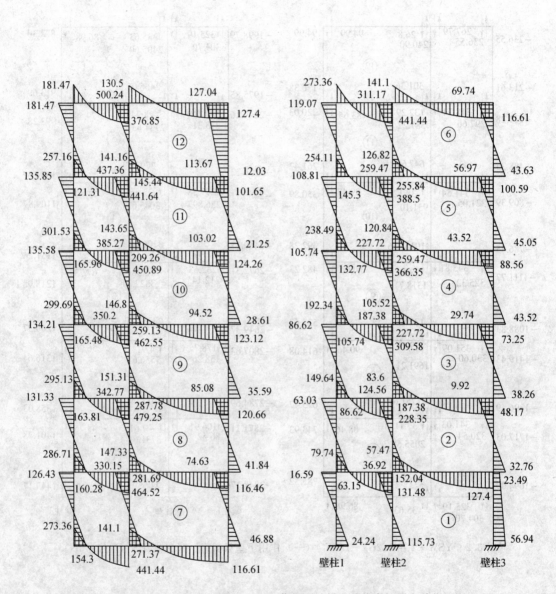

图 8.3　YSW－1 在 $1.2G_E+1.3F_{Ek}$（←）作用下壁梁、壁柱弯矩图（单位：kN·m）

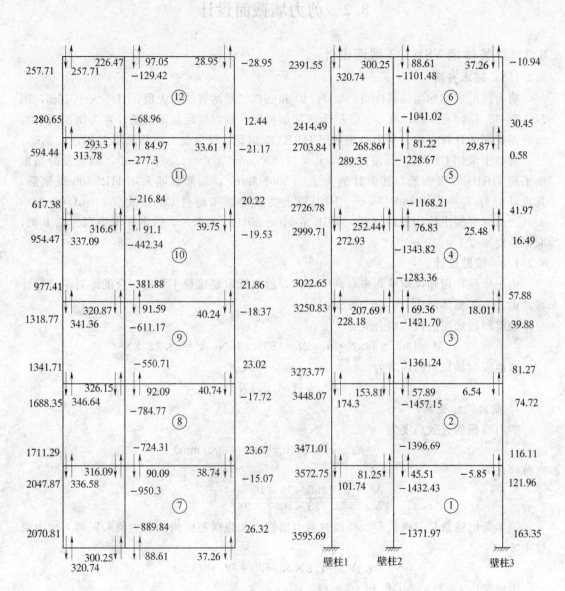

图 8.4 YSW-1 在 $1.2G_E + 1.3F_{Ek}$（←）作用下壁梁剪力、壁柱轴力图（单位：kN）

8.2 剪力墙截面设计

8.2.1 整体墙 YSW-3 截面设计

8.2.1.1 基本资料

剪力墙的底部加强区高度可以取 $H/10$ 和底部二层两者的较大值，且不大于 15m，因 $H/10=33.6/10=3.36$，故一、二层为底部加强区。现以底层截面配筋计算为例说明剪力墙截面配筋的计算过程，其中箍筋采用 HRB335 钢筋，纵向受力钢筋采用 HRB400 钢筋。

混凝土采用 C25 级，其设计值为 $f_c=11.9\text{N/mm}^2$，$f_t=1.27\text{N/mm}^2$。箍筋及分布钢筋采用 HRB335 级钢筋，其设计值为 $f_y=300\text{N/mm}^2$；端部纵筋采用 HRB400 级钢筋，其设计值为 $f_y=f'_y=360\text{N/mm}^2$。因混凝土强度等级未超过 C50，故取 $\alpha_1=1.0$，$\xi_b=0.55$。由《混凝土结构设计规范》（GB 50010—2010）表 3.5.2 确定环境类别为二 b 类，取保护层厚度 $c=25\text{mm}$。

8.2.1.2 墙肢设计

由于地震作用和风荷载均来自两个方向，故仅选取底层最不利的组合的绝对值进行计算，由表 8.1 整体墙内力组合表可知：

地震时最底层的内力组合为

$$M=1265.498\text{kN}\cdot\text{m} \quad N=1653.53\text{kN} \quad V=68.733\text{kN}$$

非地震时最底层的内力为

$$N=1794.29\text{kN}$$

1. 截面尺寸验算

剪力墙截面有效高度为

$$h_{w0}=h_w-a'_s=4400-200=4200(\text{mm})$$

则剪跨比为

$$\lambda=\frac{M}{Vh_{w0}}=\frac{1265.498\times10^6}{68.733\times10^3\times4200}=4.38>2.5$$

因本高层建筑是三级抗震，所以对剪力墙底部加强区范围内的剪力值乘以剪力增大系数 1.2，即

$$V=\eta_{vw}V_w=1.2\times68.733=82.48(\text{kN})$$

因剪跨比 $\lambda>2.5$，由式（1-2）得

$$\frac{1}{\gamma_{RE}}(0.20\beta_c f_c b_w h_{w0})=\frac{1}{0.85}\times0.2\times1.0\times11.9\times200\times4200$$
$$=2352\times10^3(\text{N})$$
$$=2352\text{kN}>V=82.48\text{kN}$$

其中，抗震承载力调整系数 $\gamma_{RE}=0.85$，混凝土强度影响系数 $\beta_c=1.0$（混凝土等级小于或等于 C50），结果表明满足截面尺寸要求。

2. 轴压比验算

$$\lambda_N=\frac{N}{f_c A_w}=\frac{1653.53\times10^3}{11.9\times4400\times200}=0.158<0.6$$

故满足要求。

3. 正截面偏心受压承载力计算

三级抗震，轴压比 $\lambda_N = 0.158 \leqslant 0.4$，墙体 YSW-3 为有翼墙的剪力墙，由表 1.7 可知约束边缘构件沿墙肢的长度 $l_c = 0.1h_w = 0.1 \times 4400 = 440(\text{mm})$，取 400mm。YSW-3 截面尺寸如图 8.5 所示。

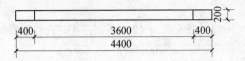

图 8.5　YSW-3 截面尺寸

取墙体分布钢筋为双排 $\oplus 8@200$，由 $(4200 - 400 \times 2)/200 = 17$，故布置双排共计 $17 \times 2 = 34$ 根分布钢筋，则钢筋面积为

$$A_{sw} = 50.3 \times 34 = 1710.2(\text{mm}^2)$$

配筋率为

$$\rho_w = \frac{1710.2}{(4400 - 400 \times 2) \times 200} = 0.2375\% > \rho_{min} = 0.2\%$$

满足最小配筋率要求。

因为

$$\xi_b = \frac{\beta_1}{1 + \dfrac{f_y}{0.0033E_s}} = \frac{0.8}{1 + \dfrac{300}{0.0033 \times 2 \times 10^5}} = 0.55$$

$$\begin{aligned}
x &= \frac{\gamma_{RE}N + A_{sw}f_{yw}}{\alpha_1 f_c b_w h_{w0} + 1.5A_{sw}f_{yw}}h_{w0} \\
&= \frac{0.85 \times 1653.53 \times 10^3 + 1710.2 \times 300}{1.0 \times 11.9 \times 200 \times 4200 + 1.5 \times 1710.2 \times 300} \times 4200 \\
&= 748.5(\text{mm}) < \xi_b h_{w0} = 0.55 \times 4200 = 2310(\text{mm})
\end{aligned}$$

所以属于大偏心受压。

利用公式

$$\begin{aligned}
M_{sw} &= \frac{1}{2}\frac{A_{sw}f_{yw}}{h_{w0}}(h_{w0} - 1.5x)^2 \\
&= \frac{1}{2} \times \frac{1710.2 \times 300}{4200} \times (4200 - 1.5 \times 748.5)^2 \\
&= 578.382 \times 10^6(\text{N} \cdot \text{mm}) \\
&= 578.382\text{kN} \cdot \text{m}
\end{aligned}$$

$$\begin{aligned}
M_c &= \alpha_1 f_c b_w x\left(h_{w0} - \frac{x}{2}\right) \\
&= 1.0 \times 11.9 \times 200 \times 748.5 \times \left(4200 - \frac{748.5}{2}\right) \\
&= 6815.306 \times 10^6(\text{N} \cdot \text{mm}) \\
&= 6815.306\text{kN} \cdot \text{m}
\end{aligned}$$

$$e_0 = \frac{M}{N} = \frac{1265.498 \times 10^6}{1653.53 \times 10^3} = 765.33(\text{mm})$$

得

$$A_s = A'_s = \frac{\gamma_{RE} N \left(e_0 + h_{w0} - \dfrac{h_w}{2} \right) + M_{sw} - M_c}{f'_y (h_{w0} - a'_s)}$$

$$= \frac{0.85 \times 1653.53 \times 10^3 \times \left(765.33 + 4200 - \dfrac{4400}{2} \right) + 578.382 \times 10^6 - 6815.306 \times 10^6}{360 \times (4200 - 200)}$$

$$= -1632 < 0$$

故按构造要求配筋。

根据《高层建筑混凝土结构技术规程》(JGJ 3—2010) 中的规定，剪力墙构造边缘的最小配筋查表 1.8 可知应取 $0.006A_c$ 与 6 ⴥ 12 中的较大值。

因 $0.006A_c = 0.006 \times 200 \times 400 = 480(\text{mm}) < 678\text{mm}$，故钢筋选取为 6 ⴥ 12 ($A_s = A'_s = 678\text{mm}^2$)，箍筋取 ⴥ 8@150。

4. 斜截面受剪承载力验算

因剪跨比 $\lambda = \dfrac{M}{Vh_{w0}} = 4.38 > 2.2$，故取 $\lambda = 2.2$，则

$$0.20 f_c b_w h_w = 0.2 \times 11.9 \times 200 \times 4400$$
$$= 2094.4 \times 10^3 (\text{N})$$
$$= 2094.4\text{kN} > N = 1653.53\text{kN}$$

取 $N = 1653.53\text{kN}$，水平分布钢筋为双排 ⴥ 8@200。

由式 (1-24) 验算斜截面受剪承载力：

$$\frac{1}{\gamma_{RE}} \left[\frac{1}{\lambda - 0.5} \left(0.4 f_t b_w h_{w0} + 0.1 N \frac{A_w}{A} \right) + 0.8 f_{yh} \frac{A_{sh}}{s} h_{w0} \right]$$

$$= \frac{1}{0.85} \times \left[\frac{1}{2.2 - 0.5} \times (0.4 \times 1.27 \times 200 \times 4200 + 0.1 \times 1653.53 \times 10^3 \times 1.0) + \right.$$

$$\left. 0.8 \times 300 \times \frac{2 \times 50.3}{200} \times 4200 \right]$$

$$= 1006238(\text{N}) = 1006.238\text{kN} > V = 96.23\text{kN}$$

故满足要求。

5. 平面外轴心受压承载力计算

由 $\dfrac{l_0}{b} = \dfrac{2800}{200} = 14$，根据 $l_0/b = 14$ 查表 1.4 得稳定系数为 $\varphi = 0.92$，则由式 (1-28) 得

$$0.9\varphi(f_c A + f'_y A'_s) = 0.9 \times 0.92 \times (11.9 \times 4400 \times 200 + 300 \times 2 \times 678)$$
$$= 9007.6(\text{kN}) > N = 1653.53\text{kN}$$

故满足要求。

经计算，实体墙 YSW-3 截面各层配筋列于表 8.6。

表 8.6 　　　　　　　　**各层配筋表**

楼　　层	分　布　钢　筋	端　柱　配　筋
3～12 层	Φ 8@200 双排	6 Φ 12，箍筋Φ 8@200
1、2 层		6 Φ 12，箍筋Φ 8@150

8.2.2　整体小开口墙 YSW-4 截面设计

8.2.2.1　基本设计资料

截面尺寸如图 8.6 所示。

8.2.2.2　墙肢设计

1. 墙肢 1

由表 8.3 可知地震时最底层的内力组

合为

$M = 318.2\text{kN} \cdot \text{m}$　$N = 566.37\text{kN}$（左震）　$N = 1785.21\text{kN}$（右震）　$V = 68.33\text{kN}$

由表 8.2 可知非地震时最底层的内力，$N = 1453.87\text{kN}$。

（1）截面尺寸验算。

截面有效高度为 $h_{w0} = 2500 - 200 = 2300 (\text{mm})$，则剪跨比为

$$\lambda = \frac{M}{V h_{w0}} = \frac{318.2 \times 10^6}{68.33 \times 10^3 \times 2300} = 2.02 < 2.5$$

剪力墙底部加强区范围内的剪力值乘以剪力增大系数 1.2，即

$$V = \eta_{vw} V_w = 1.2 \times 68.33 = 82 (\text{kN})$$

因剪跨比 $\lambda < 2.5$，由式（1-3）得

$$\frac{1}{\gamma_{RE}} (0.15 \beta_c f_c b_w h_{w0}) = \frac{1}{0.85} \times 0.15 \times 1.0 \times 11.9 \times 200 \times 2300$$
$$= 966 \times 10^3 (\text{N})$$
$$= 966\text{kN} > V = 82\text{kN}$$

故满足截面尺寸要求。

（2）轴压比验算：

$$\frac{N}{f_c A_w} = \frac{1785.21 \times 10^3}{11.9 \times 2500 \times 200} = 0.3 < 0.6$$

故满足要求。

（3）正截面偏心受压承载力计算。

取墙体分布钢筋为双排Φ 8@200，因 $(2300 - 400 \times 2)/200 = 7.5$，故布置双排共计 $8 \times 2 = 16$ 根钢筋，则钢筋面积为

$$A_{sw} = 50.3 \times 16 = 804.8 (\text{mm}^2)$$

配筋率为

$$\rho_w = \frac{804.8}{(2500 - 400 \times 2) \times 200} = 0.237\% > \rho_{min} = 0.2\%$$

故满足最小配筋率要求。

$$x = \frac{\gamma_{RE} N + A_{sw} f_{yw}}{\alpha_1 f_c b_w h_{w0} + 1.5 A_{sw} f_{yw}} h_{w0}$$

$$= \frac{0.85 \times 1785.21 \times 10^3 + 804.8 \times 300}{1.0 \times 11.9 \times 200 \times 2300 + 1.5 \times 804.8 \times 300} \times 2300$$

$$= 693.16 (mm) < \xi_b h_{w0} = 0.55 \times 2300 = 1265 (mm)$$

属于大偏心受压。

取 $N = 566.37$ kN，因

$$x = \frac{\gamma_{RE} N + A_{sw} f_{yw}}{\alpha_1 f_c b_w h_{w0} + 1.5 A_{sw} f_{yw}} h_{w0}$$

$$= \frac{0.85 \times 566.37 \times 10^3 + 804.8 \times 300}{1.0 \times 11.9 \times 200 \times 2300 + 1.5 \times 804.8 \times 300} \times 2300$$

$$= 284.9 (mm) < \xi_b h_{w0} = 0.55 \times 2300 = 1265 (mm)$$

也属于大偏心受压。

因此，以下按 $N = 566.37$ kN 计算其截面配筋。

利用公式

$$M_{sw} = \frac{1}{2} \frac{A_{sw} f_{yw}}{h_{w0}} (h_{w0} - 1.5x)^2$$

$$= \frac{1}{2} \times \frac{804.8 \times 300}{2300} \times (2300 - 1.5 \times 284.9)^2$$

$$= 184 \times 10^6 (N \cdot mm)$$

$$= 184 kN \cdot m$$

$$M_c = \alpha_1 f_c b_w x \left(h_{w0} - \frac{x}{2} \right)$$

$$= 1.0 \times 11.9 \times 200 \times 284.9 \times \left(2300 - \frac{284.9}{2} \right)$$

$$= 1462.95 \times 10^6 (N \cdot mm)$$

$$= 1462.95 kN \cdot m$$

$$e_0 = \frac{M}{N} = \frac{318.2 \times 10^6}{566.37 \times 10^3} = 561.82 (mm)$$

得

$$A_s = A_s' = \frac{\gamma_{RE} N \left(e_0 + h_{w0} - \frac{h_w}{2} \right) + M_{sw} - M_c}{f_y' (h_{w0} - a_s')}$$

$$= \frac{0.85 \times 566.37 \times 10^3 \times \left(561.28 + 2300 - \frac{2500}{2} \right) + 184 \times 10^6 - 1462.95 \times 10^6}{360 \times (2300 - 200)} < 0$$

故按构造要求配筋，取 $0.006 A_c$ 与 6 ⚎ 12 中的较大值。

钢筋选取为 6 ⚎ 12 （$A_s = A_s' = 678 mm^2$），箍筋取⚎ 8@150。

（4）斜截面受剪承载力验算。

因剪跨比 $\lambda = \frac{M}{V h_{w0}} = 2.02 < 2.2$，故取 $\lambda = 2.02$。

$$0.20 f_c b_w h_w = 0.2 \times 11.9 \times 200 \times 2500 = 1190 \times 10^3 \text{N} = 1190(\text{kN}) > N = 566.37\text{kN}$$

取 $N = 566.37\text{kN}$，水平分布钢筋为双排 $\Phi 8@200$。

$$\frac{1}{\gamma_{RE}} \left[\frac{1}{\lambda - 0.5} \left(0.4 f_t b_w h_{w0} + 0.1 N \frac{A_w}{A} \right) + 0.8 f_{yh} \frac{A_{sh}}{s} h_{w0} \right]$$

$$= \frac{1}{0.85} \times \left[\frac{1}{2.02 - 0.5} \times (0.4 \times 1.27 \times 200 \times 2300 + 0.1 \times 566.37 \times 10^3 \times 1.0) + \right.$$

$$\left. 0.8 \times 300 \times \frac{2 \times 50.3}{200} \times 2300 \right]$$

$$= 551.36 \times 10^3(\text{N}) = 551.36\text{kN} > V = 82\text{kN}$$

故满足要求。

（5）平面外轴心受压承载力计算。

因 $\dfrac{l_0}{b} = \dfrac{2800}{200} = 14$，查表 1.4 可得稳定系数 $\varphi = 0.92$，则

$$0.9\varphi(f_c A + f_y' A_s') = 0.9 \times 0.92 \times (11.9 \times 2500 \times 200 + 300 \times 2 \times 678)$$

$$= 5263.4(\text{kN}) > N = 566.37\text{kN}$$

满足要求。

2. 墙肢 2（计算同墙肢 1）

地震内力：

$M = 608.5\text{kN} \cdot \text{m}$　$N = 2325.29\text{kN}$（左震）　$N = 1106.45\text{kN}$（右震）　$V = 104.5\text{kN}$

非地震内力：$N = 2020.8\text{kN}$

（1）截面尺寸验算：

$$h_{w0} = 3100 - 200 = 2900(\text{mm})$$

$$\lambda = \frac{M}{V h_{w0}} = \frac{608.5 \times 10^6}{104.5 \times 10^3 \times 2900} = 2.008 < 2.5$$

剪力墙底部加强区范围内的剪力值乘以剪力增大系数 1.2，即

$$V = \eta_{vw} V_w = 1.2 \times 104.5 = 125.4(\text{kN})$$

因剪跨比 $\lambda < 2.5$，则

$$\frac{1}{\gamma_{RE}} (0.15 \beta_c f_c b_w h_{w0}) = \frac{1}{0.85} \times 0.15 \times 1.0 \times 11.9 \times 200 \times 2900$$

$$= 1323.91 \times 10^3(\text{N})$$

$$= 1323.91\text{kN} > V = 125.4\text{kN}$$

满足截面尺寸要求。

（2）正截面偏心受压承载力计算。

取墙体分布钢筋为双排 $\Phi 8@200$，因 $(2900 - 400 \times 2)/200 = 10.5$，故布置双排共计 $11 \times 2 = 22$ 根钢筋，则

$$A_{sw} = 50.3 \times 22 = 1106.6(\text{mm}^2)$$

$$\rho_w = \frac{1106.6}{(3100 - 400 \times 2) \times 200} = 0.24\% > \rho_{min} = 0.2\%$$

满足最小配筋率要求。

$$x = \frac{\gamma_{RE} N + A_{sw} f_{yw}}{\alpha_1 f_c b_w h_{w0} + 1.5 A_{sw} f_{yw}} h_{w0}$$

$$= \frac{0.85 \times 2325.29 \times 10^3 + 1106.6 \times 300}{1.0 \times 11.9 \times 200 \times 2900 + 1.5 \times 1106.6 \times 300} \times 2900$$

$$= 904.7 (mm) < \xi_b h_{w0} = 0.55 \times 2900 = 1595 (mm)$$

属于大偏心受压。

取 $N = 1106.45$ kN，则

$$x = \frac{\gamma_{RE} N + A_{sw} f_{yw}}{\alpha_1 f_c b_w h_{w0} + 1.5 A_{sw} f_{yw}} h_{w0}$$

$$= \frac{0.85 \times 1106.45 \times 10^3 + 1106.6 \times 300}{1.0 \times 11.9 \times 200 \times 2900 + 1.5 \times 1106.6 \times 300} \times 2900$$

$$= 498.7 (mm) < \xi_b h_{w0} = 0.55 \times 2900 = 1595 (mm)$$

也属于大偏心受压。

因此，以下按 $N = 1106.45$ kN 计算其截面配筋：

$$M_{sw} = \frac{1}{2} \frac{A_{sw} f_{yw}}{h_{w0}} (h_{w0} - 1.5x)^2$$

$$= \frac{1}{2} \times \frac{1106.6 \times 300}{2900} \times (2900 - 1.5 \times 498.7)^2$$

$$= 265.1 \times 10^6 (N \cdot mm)$$

$$= 265.1 kN \cdot m$$

$$M_c = \alpha_1 f_c b_w x \left(h_{w0} - \frac{x}{2} \right)$$

$$= 1.0 \times 11.9 \times 200 \times 498.7 \times \left(2900 - \frac{498.7}{2} \right)$$

$$= 3145.9 \times 10^6 (N \cdot mm)$$

$$= 3145.9 kN \cdot m$$

$$e_0 = \frac{M}{N} = \frac{608.5 \times 10^6}{1106.45 \times 10^3} = 550 (mm)$$

$$A_s = A'_s = \frac{\gamma_{RE} N \left(e_0 + h_{w0} - \frac{h_w}{2} \right) + M_{sw} - M_c}{f'_y (h_{w0} - a'_s)}$$

$$= \frac{0.85 \times 1106.45 \times 10^3 \times \left(550 + 2900 - \frac{3100}{2} \right) + 265.1 \times 10^6 - 3145.9 \times 10^6}{360 \times (2900 - 200)} < 0$$

故按构造要求配筋，取 $0.006 A_c$ 与 6 Φ 12 中的较大值。

钢筋选取为 6 Φ 12（$A_s = A'_s = 678 mm^2$），箍筋取 Φ 8@150。

（3）斜截面受剪承载力验算。

$$\lambda = \frac{M}{V h_{w0}} = 2.008 < 2.2，取 \lambda = 2.008。$$

$0.20 f_c b_w h_w = 0.2 \times 11.9 \times 200 \times 3100 = 1475.6 \times 10^3 (N) = 1475.6 kN > N = 1106.45 kN$

取 $N = 1106.5$ kN，水平分布钢筋为双排 Φ 8@200。

$$\frac{1}{\gamma_{RE}}\left[\frac{1}{\lambda-0.5}\left(0.4f_tb_wh_{w0}+0.1N\frac{A_w}{A}\right)+0.8f_{yh}\frac{A_{sh}}{s}h_{w0}\right]$$

$$=\frac{1}{0.85}\times\left[\frac{1}{2.008-0.5}\times(0.4\times1.27\times200\times2900+0.1\times1106.45\times10^3\times1.0)+\right.$$

$$\left.0.8\times300\times\frac{2\times50.3}{200}\times2900\right]$$

$$=728\times10^3(N)$$

$$=728kN>V=146.3kN$$

满足要求。

（4）平面外轴心受压承载力计算。

由 $\dfrac{l_0}{b}=\dfrac{2800}{200}=14$，查表 1.4 得稳定系数 $\varphi=0.92$，则

$$0.9\varphi(f_cA+f_y'A_s')=0.9\times0.92\times(11.9\times3100\times200+300\times2\times678)$$

$$=6445.8(kN)>N=1106.45kN$$

满足要求。

8.2.2.3　连梁设计

由表 8.3 可得地震时最底层连梁的内力组合为 $M_b=40.44kN\cdot m$，$V_b=89.86kN$。

1. 连梁截面尺寸验算

$$\frac{l_0}{h_0}=\frac{900}{700}=1.3<2.5$$

$$h_{b0}=h_b-a_s=700-35=665(mm)$$

$$\frac{1}{\gamma_{RE}}0.20\beta_cf_cb_bh_{b0}=\frac{1}{0.85}\times0.2\times1.0\times11.9\times200\times665$$

$$=316.54\times10^3\ (N)$$

$$=316.54kN>V=89.86kN$$

故截面尺寸满足要求。

2. 正截面抗弯承载力验算

$$A_s=A_s'=\frac{\gamma_{RE}M_b}{f_y(h_{b0}-a_s)}=\frac{0.85\times40.44\times10^6}{360\times(665-35)}=151.6(mm^2)$$

故钢筋选取 $2\,\Phi\,14$（$A_s=A_s'=308mm^2$）。

3. 斜截面受剪承载力验算

箍筋选用双肢 $\Phi 8@100$。

$$\frac{1}{\gamma_{RE}}\left(0.42f_tb_bh_{b0}+f_{yv}\frac{A_{sv}}{s}h_{b0}\right)$$

$$=\frac{1}{0.85}\times\left(0.42\times1.27\times200\times665+300\times\frac{50.3\times2}{100}\times665\right)$$

$$=319.576\times10^3(N)$$

$$=319.576kN>V=89.86kN$$

满足要求。

经计算，整体小开口墙 YSW-4 各层配筋计算结果列于表 8.7。

表 8.7 **各 层 配 筋**

楼层	墙 肢 1			墙 肢 2			连 梁	
	水平竖向分布钢筋	纵 筋	箍 筋	水平竖向分布钢筋	纵 筋	箍 筋	纵 筋	箍 筋
3~12	Φ 8@200 双排	6 Φ 12	Φ 8@200	Φ 8@200 双排	6 Φ 12	Φ 8@200	2 Φ 14	Φ 8@100
1~2	Φ 8@200 双排	6 Φ 12	Φ 8@150	Φ 8@200 双排	6 Φ 12	Φ 8@150	2 Φ 14	Φ 8@100

8.2.3　双肢墙 YSW - 2 截面设计

8.2.3.1　墙肢设计

1. 墙肢 1

由表 8.5 可得地震时最底层的内力组合：

$M=2535$kN·m　　$N=2836.78$kN（左震）　　$N=1732.14$kN（右震）　　$V=206.2$kN

由表 8.4 得非地震时内力：$N=2715.25$kN（左震）。

比较两组内力可见，考虑地震组合的内力为最不利内力，故下面按照这组内力对底部加强区进行截面配筋计算。截面尺寸如图 8.7 所示。

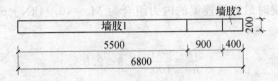

图 8.7　YSW - 2 截面尺寸

（1）截面尺寸验算。

$$h_{w0}=5500-200=5300(\text{mm})$$

剪跨比为

$$\lambda=\frac{M}{Vh_{w0}}=\frac{2535\times10^6}{206.2\times10^3\times5300}=2.32<2.5$$

剪力墙底部加强区范围内的剪力值乘以剪力增大系数 1.2，即

$$V=\eta_{vw}V_w=1.2\times206.2=247.44(\text{kN})$$

剪跨比 $\lambda<2.5$ 时，

$$\frac{1}{\gamma_{RE}}(0.15\beta_c f_c b_w h_{w0})=\frac{1}{0.85}\times0.15\times1.0\times11.9\times200\times5300$$
$$=2226\times10^3(\text{N})$$
$$=2226\text{kN}>V=247.44\text{kN}$$

满足截面尺寸要求。

（2）正截面偏心受压承载力计算。

取墙体分布钢筋为双排Φ8@200，因 $(5300-400\times2)/200=22.5$，故布置双排共计 $23\times2=46$ 根钢筋，则

$$A_{sw}=50.3\times46=2313.8(\text{mm}^2)$$

$$\rho_w=\frac{2313.8}{(5500-400\times2)\times200}=0.246\%>\rho_{min}=0.2\%$$

满足最小配筋率要求。

$$x = \frac{\gamma_{RE} N + A_{sw} f_{yw}}{\alpha_1 f_c b_w h_{w0} + 1.5 A_{sw} f_{yw}} h_{w0}$$

$$= \frac{0.85 \times 2836.78 \times 10^3 + 2313.8 \times 300}{1.0 \times 11.9 \times 200 \times 5300 + 1.5 \times 2313.8 \times 300} \times 5300$$

$$= 1205.3 (mm) < \xi_b h_{w0} = 0.55 \times 5300 = 2915 (mm)$$

属于大偏心受压。

取 $N = 1732.14 kN$，则

$$x = \frac{\gamma_{RE} N + A_{sw} f_{yw}}{\alpha_1 f_c b_w h_{w0} + 1.5 A_{sw} f_{yw}} h_{w0}$$

$$= \frac{0.85 \times 1732.14 \times 10^3 + 2313.8 \times 300}{1.0 \times 11.9 \times 200 \times 5300 + 1.5 \times 2313.8 \times 300} \times 5300$$

$$= 840 mm < \xi_b h_{w0} = 0.55 \times 5300 = 2915 mm$$

也属于大偏心受压。

以下按 $N = 1732.14 kN$ 计算其截面配筋：

$$M_{sw} = \frac{1}{2} \frac{A_{sw} f_{yw}}{h_{w0}} (h_{w0} - 1.5x)^2$$

$$= \frac{1}{2} \times \frac{2313.8 \times 300}{5300} \times (5300 - 1.5 \times 840)^2$$

$$= 1068.1 \times 10^6 (N \cdot mm)$$

$$= 1068.1 kN \cdot m$$

$$M_c = \alpha_1 f_c b_w x \left(h_{w0} - \frac{x}{2} \right)$$

$$= 1.0 \times 11.9 \times 200 \times 840 \times \left(5300 - \frac{840}{2} \right)$$

$$= 9765.3 \times 10^6 (N \cdot mm)$$

$$= 9765.3 kN \cdot m$$

$$e_0 = \frac{M}{N} = \frac{2535 \times 10^6}{1732.14 \times 10^3} = 1463.5 (mm)$$

$$A_s = A_s' = \frac{\gamma_{RE} N \left(e_0 + h_{w0} - \frac{h_w}{2} \right) + M_{sw} - M_c}{f_y' (h_{w0} - a_s')}$$

$$= \frac{0.85 \times 1732.14 \times 10^3 \times \left(1463.5 + 5300 - \frac{5500}{2} \right) + 1068.1 \times 10^6 - 9765.3 \times 10^6}{360 \times (5300 - 200)} < 0$$

故按构造要求配筋，取 $0.006 A_c$ 与 6 ⾦ 12 中的较大值。

因 $0.006 A_c = 0.006 \times 200 \times 400 = 480 (mm) < 678 mm$，故钢筋选取 6 ⾦ 12（$A_s = A_s' = 678 mm^2$），箍筋取 ⾦ 8@150。

（3）斜截面受剪承载力验算。

$$\lambda = \frac{M}{V h_{w0}} = 2.32 > 2.2，故取 \lambda = 2.2。$$

$0.20 f_c b_w h_w = 0.2 \times 11.9 \times 200 \times 5500 = 2618 \times 10^3 (N) = 2618 kN < N = 2836.78 kN$

故取 $N = 2618 kN$，水平分布钢筋为双排$\underline{\Phi} 8@200$。

$$\frac{1}{\gamma_{RE}} \left[\frac{1}{\lambda - 0.5} \left(0.4 f_t b_w h_{w0} + 0.1N \frac{A_w}{A} \right) + 0.8 f_{yh} \frac{A_{sh}}{s} h_{w0} \right]$$

$$= \frac{1}{0.85} \times \left[\frac{1}{2.2 - 0.5} \times (0.4 \times 1.27 \times 200 \times 5300 + 0.1 \times 2618 \times 10^3 \times 1.0) + \right.$$

$$\left. 0.8 \times 300 \times \frac{2 \times 50.3}{200} \times 5300 \right]$$

$$= 1306.6 \times 10^3 (N)$$

$$= 1306.6 kN > V = 288.68 kN。$$

满足要求。

(4) 平面外轴心受压承载力计算。

由 $\frac{l_0}{b} = \frac{2800}{200} = 14$，查表 1.4 的稳定系数 $\varphi = 0.92$，则

$$0.9\varphi(f_c A + f'_y A'_s) = 0.9 \times 0.92 \times [11.9 \times 5500 \times 200 + 300 \times 2 \times 678]$$

$$= 11175(kN) > N = 2836.78 kN$$

满足要求。

2. 墙肢 2

地震时最底层的内力：

$M = 1.01 kN \cdot m$ $N = 90.45 kN$（左震） $N = 1195.09 kN$（右震） $V = 0.976 kN$

非震时最底层的内力：$N = 289.67 kN/m$（左震），$N = 721.07 kN$（右震）。

由于 $\frac{h_w}{b_w} = \frac{400}{200} = 2 < 4$，故按钢筋混凝土柱计算，箍筋沿全高加密。

(1) 截面尺寸验算（按钢筋混凝土柱计算）。由《高层建筑混凝土结构技术规程》(JGJ 3—2010) 可知，框架梁、柱，其受剪截面应符合下列要求：

当无地震作用组合时：

$$V \leqslant 0.25 \beta_c f_c b_w h_w$$

当有地震作用组合时：

对于跨高比大于 2.5 的梁及剪跨比大于 2 的柱：

$$V \leqslant \frac{1}{\gamma_{RE}} (0.2 \beta_c f_c b_w h_w)$$

对于跨高比不大于 2.5 的梁及剪跨比不大于 2 的柱：

$$V \leqslant \frac{1}{\gamma_{RE}} (0.15 \beta_c f_c b_w h_w)$$

框架柱的剪跨比可按下式计算：

$$\lambda = \frac{M_c}{V_c h_0}$$

因为

$$\lambda = \frac{1.01}{0.976 \times 0.4} = 2.59 > 2$$

所以

$$\frac{1}{\gamma_{RE}}(0.2\beta_c f_c b_w h_w) = \frac{1}{0.85} \times 0.2 \times 1.0 \times 11.9 \times 200 \times 400$$

$$= 224 \times 10^3 (N)$$

$$= 224kN > V = 0.976kN$$

满足截面尺寸要求。

（2）正截面偏心受压承载力计算。

$$h_{w0} = h_w - a = 400 - 35 = 365(mm)$$

$$x = \frac{\gamma_{RE} N}{\alpha_1 f_c b_w} = \frac{0.85 \times 1195.09 \times 10^3}{11.9 \times 200} = 426.8(mm) > \xi_b h_{w0} = 0.55 \times 365 = 201(mm)$$

属于小偏心受压。

以下按 $N = 1195.09kN$ 计算其截面配筋：

$$e_0 = \frac{M}{N} = \frac{1.01 \times 10^6}{1195.09 \times 10^3} = 0.85(mm)$$

$$e_a = \max\{400/30, 20\} = 20(mm)$$

$$e_i = e_0 + e_a = 20 + 0.85 = 20.85(mm)$$

$$e = e_i + 0.5h_{w0} - a'_s = 20.85 + 0.5 \times 365 - 35 = 168.35(mm)$$

$$\xi = \frac{\gamma_{RE} N - \xi_b \alpha_1 f_c b_w h_{w0}}{\dfrac{\gamma_{RE} Ne - 0.45\alpha_1 f_c b_w h_{w0}^2}{(0.8 - \xi_b)(h_{w0} - a'_s)} + \alpha_1 f_c b_w h_{w0}} + \xi_b$$

$$= \frac{0.85 \times 1195.09 \times 10^3 - 0.55 \times 1.0 \times 11.9 \times 200 \times 365}{\dfrac{0.85 \times 1195.09 \times 10^3 \times 168.35 - 0.45 \times 1.0 \times 11.9 \times 200 \times 365^2}{(0.8 - 0.55) \times (365 - 35)} + 1.0 \times 11.9 \times 200 \times 365} +$$

$$0.55$$

$$= 0.9939$$

$$A_s = A'_s = \frac{\gamma_{RE} Ne - \xi(1 - 0.5\xi)\alpha_1 f_c b_w h_{w0}^2}{f'_y (h_{w0} - a'_s)}$$

$$= \frac{0.85 \times 1195.09 \times 10^3 \times 168.35 - 0.9939 \times (1 - 0.5 \times 0.9939) \times 1.0 \times 11.9 \times 200 \times 365^2}{360 \times (365 - 35)}$$

$$= 105.1(mm^2) < 0.2\% bh = 160(mm)$$

按最小配筋率配筋。

每边选 $2 \Phi 12 (A_s = A'_s = 226mm^2$，HRB400) 钢筋，则全部纵向钢筋的配筋率为

$$\rho = \frac{226 \times 2}{200 \times 400} = 0.565\% > \rho_{min} = 0.55\%$$

每边配筋率为 $0.283\% > 0.2\%$，满足要求。箍筋取 $\Phi 8@150$。

（3）斜截面受拉受剪承载力验算。

$$\lambda = \frac{1.01}{0.976 \times 0.4} = 2.59 > 2.2，取 \lambda = 2.2。$$

$$0.20 f_c b_w h_w = 0.2 \times 11.9 \times 200 \times 400 = 190.4 \times 10^3 (N) = 190.4kN < N = 1109.09kN$$

取 $N = 190.4kN$，水平分布钢筋为双排 $\Phi 8@150$。

$$\frac{1}{\gamma_{RE}}\left[\frac{1}{\lambda-0.5}\left(0.4f_tb_wh_{w0}+0.1N\frac{A_w}{A}\right)+0.8f_{yh}\frac{A_{sh}}{s}h_{w0}\right]$$

$$=\frac{1}{0.85}\times\left[\frac{1}{2.2-0.5}\times(0.4\times1.27\times200\times365+0.1\times190.4\times10^3\times1.0)+\right.$$

$$\left.0.8\times300\times\frac{2\times50.3}{200}\times365\right]$$

$$=90.68\times10^3(N)=90.68kN>V=0.976kN$$

满足要求。

8.2.3.2　连梁设计

地震内力：$M_b=30.31kN\cdot m$；$V_b=52.71kN$。

1. 连梁截面尺寸验算

$$\frac{l_0}{h_0}=\frac{1500}{900}=1.67<2.5$$

$$h_{b0}=h_b-a_s=900-35=865(mm)$$

$$\frac{1}{\gamma_{RE}}(0.15\beta_cf_cb_bh_{b0})=\frac{1}{0.85}\times0.15\times1.0\times11.9\times200\times865$$

$$=363.34\times10^3\ (N)$$

$$=363.3kN>V=52.21kN$$

满足要求。

2. 正截面抗弯承载力验算

$$A_s=A_s'=\frac{\gamma_{RE}M}{f_y(h_{b0}-\alpha_s)}=\frac{0.85\times30.31\times10^6}{360\times(865-35)}=103.5(mm^2)$$

钢筋选取 2 Φ 12（$A_s=A_s'=226mm^2$，HRB400）。

3. 斜截面受剪承载力验算

箍筋选用Φ8@100。

$$\frac{1}{\gamma_{RE}}\left(0.42f_tb_bh_{b0}+f_{yv}\frac{A_{sv}}{s}h_{b0}\right)$$

$$=\frac{1}{0.85}\times\left(0.42\times1.27\times200\times865+300\times\frac{50.3\times2}{100}\times865\right)$$

$$=415.7\times10^3(N)=415.7kN>V=52.71kN$$

满足要求。

经计算，双肢墙 YSW-2 截面各层配筋计算结果列于表 8.8。

表 8.8　　　　　　　　　各 层 配 筋

楼层	墙肢 1			墙肢 2			连 梁	
	水平竖向分布钢筋	纵筋	箍筋	水平竖向分布钢筋	纵筋	箍筋	纵筋	箍筋
3~12	Φ8@200 双排	6 Φ 12	Φ8@200	Φ8@200 双排	2 Φ 12	Φ8@200	2 Φ 12	Φ8@100
1~2	Φ8@200 双排	6 Φ 12	Φ8@150	Φ8@200 双排	2 Φ 12	Φ8@150	2 Φ 12	Φ8@100

8.2.4　壁式框架 YSW-1 截面设计

8.2.4.1　基本设计资料

截面尺寸如图 8.8 所示。

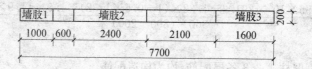

| 墙肢1 | | 墙肢2 | | 墙肢3 |
| 1000 | 600 | 2400 | 2100 | 1600 |

图 8.8　YSW-1 截面尺寸

8.2.4.2　壁柱截面设计

1. 截面尺寸验算

$$\frac{1}{\gamma_{RE}}(0.2\beta_c f_c b_w h_{w0}) = \frac{1}{0.85} \times 0.2 \times 1.0 \times 11.9 \times 200 \times 1000 \times 10^{-3} = 560(kN)$$

$$\frac{1}{\gamma_{RE}}(0.2\beta_c f_c b_w h_{w0}) = \frac{1}{0.85} \times 0.2 \times 1.0 \times 11.9 \times 200 \times 2400 \times 10^{-3} = 1344(kN)$$

$$\frac{1}{\gamma_{RE}}(0.2\beta_c f_c b_w h_{w0}) = \frac{1}{0.85} \times 0.2 \times 1.0 \times 11.9 \times 200 \times 1600 \times 10^{-3} = 896(kN)$$

所有壁柱截面均满足要求。

2. 正截面偏心受压承载力计算

左震时,壁柱2、壁柱3,右震时,壁柱1,按偏压构件计算。现以壁柱1第七层截面设计为例说明计算过程。

地震内力:$M = 154.3kN \cdot m$,$N = 2391.55kN$。

$$h_{w0} = 1000 - 200 = 800(mm)$$

取 $A_{sw} = 302mm^2$($6\,\underline{\Phi}\,8$),先按大偏压计算:

$$x = \frac{\gamma_{RE}N + A_{sw}f_{yw}}{\alpha_1 f_c b_w h_{w0} + 1.5A_{sw}f_{yw}}h_{w0}$$

$$= \frac{0.85 \times 2391.55 \times 10^3 + 302 \times 300}{1.0 \times 11.9 \times 200 \times 800 + 1.5 \times 302 \times 300} \times 800$$

$$= 833(mm) > \xi_b h_{w0} = 0.55 \times 800 = 440(mm)$$

故属于小偏心受压。

$$e_0 = \frac{M}{N} = \frac{154.3 \times 10^6}{2391.55 \times 10^3} = 64.5(mm)$$

$$e_a = \max\{800/30, 20\} = 26.7(mm)$$

$$e_i = e_0 + e_a = 91.2(mm)$$

$$e = e_i + 0.5h_{w0} - a'_s = 91.2 + 0.5 \times 800 - 200 = 291.2(mm)$$

$$\xi = \frac{\gamma_{RE}N - \xi_b \alpha_1 f_c b_w h_{w0}}{\dfrac{\gamma_{RE}Ne - 0.45\alpha_1 f_c b_w h_{w0}^2}{(0.8 - \xi_b)(h_{w0} - a'_s)} + \alpha_1 f_c b_w h_{w0}} + \xi_b$$

$$= \frac{0.85 \times 2391.55 \times 10^3 - 0.55 \times 1.0 \times 11.9 \times 200 \times 800}{\dfrac{0.85 \times 2391.55 \times 10^3 \times 291.2 - 0.45 \times 1.0 \times 11.9 \times 200 \times 800^2}{(0.8 - 0.55) \times (800 - 200)} + 1.0 \times 11.9 \times 200 \times 800} + 0.55$$

$$= 1.32$$

$$A_s = A'_s = \frac{\gamma_{RE}Ne - \xi(1 - 0.5\xi)\alpha_1 f_c b_w h_{w0}^2}{f'_y(h_{w0} - a'_s)}$$

$$=\frac{0.85\times2391.55\times10^3\times291.2-1.32\times(1-0.5\times1.32)\times1.0\times11.9\times200\times800^2}{360\times(800-200)}<0$$

故按构造配筋。

按上述方法计算壁柱 1、2、3 各层配筋,均为构造配筋。

按构造要求,取 $0.006A_c$ 与 6 Φ 12 中的较大值:

$$0.006A_c=0.006\times200\times400=480(mm)<678mm$$

钢筋选取 6 Φ 12 ($A_a=A'_s=678mm^2$),箍筋取 Φ 8@200。

3. 斜截面受剪承载力验算

$$V=\frac{154.3+126.43}{2.8}=100.26(kN)$$

$$\lambda=\frac{M}{Vh_{w0}}=\frac{154.3\times10^3}{100.26\times800}=1.923<2.2$$

故取 $\lambda=1.923$。

$$0.20f_cb_wh_w=0.2\times11.9\times200\times1000=476\times10^3(N)=476kN<N=2391.55kN$$

取 $N=476kN$,水平分布钢筋为双排Φ 8@200。

$$\frac{1}{\gamma_{RE}}\left[\frac{1}{\lambda-0.5}\left(0.4f_tb_wh_{w0}+0.1N\frac{A_w}{A}\right)+0.8f_{yh}\frac{A_{sh}}{s}h_{w0}\right]$$

$$=\frac{1}{0.85}\times\left[\frac{1}{1.923-0.5}\times(0.4\times1.27\times200\times800+0.1\times476\times10^3\times1.0)+\right.$$

$$\left.0.8\times300\times\frac{2\times50.3}{200}\times800\right]$$

$$=219.43\times10^3(N)=219.43kN>V=100.26kN$$

满足要求。

4. 平面外轴心受压承载力计算

$$0.9\varphi(f_cA+f'_yA'_s)=0.9\times0.92\times(11.9\times1000\times200+300\times2\times678)$$

$$=2307.47\times10^3(N)$$

$$=2307.47kN>N=476kN$$

满足要求。

8.2.4.3　壁梁截面设计

1. 截面尺寸验算

跨高比:

左跨:
$$\frac{l_0}{h_0}=\frac{600}{1300}=0.46<2.5$$

右跨:
$$\frac{l_0}{h_0}=\frac{2100}{1300}=1.62<2.5$$

$$h_{b0}=h_b-a_s=1300-35=1265(mm)$$

$$\frac{1}{\gamma_{RE}}(0.15\beta_cf_cb_bh_{b0})=\frac{1}{0.85}\times0.15\times1.0\times11.9\times200\times1265=531300(N)=531.3kN$$

故左右跨各层梁剪力均小于 531.3kN,满足要求。

2. 正截面抗弯承载力验算

以左跨第七层壁梁为例计算，$M_b = 477.52 \text{kN} \cdot \text{m}$，则

$$A_s = A_s' = \frac{\gamma_{RE} M_b}{f_y (h_{b0} - \alpha_s)} = \frac{0.85 \times 477.52 \times 10^6}{360 \times (1265 - 35)} = 917 (\text{mm}^2)$$

选取 4 Φ 18 （$A_s = A_s' = 1017 \text{mm}^2$）。

3. 斜截面受剪承载力验算

箍筋选用双肢Φ 8@100。

$$\frac{1}{\gamma_{RE}} \left(0.42 f_t b_b h_{b0} + f_{yv} \frac{A_{sv}}{s} h_{b0} \right)$$

$$= \frac{1}{0.85} \times \left(0.42 \times 1.27 \times 200 \times 1265 + 300 \times \frac{50.3 \times 2}{100} \times 1265 \right)$$

$$= 607.91 \times 10^3 (\text{N}) = 607.91 \text{kN}.$$

左右跨梁各层剪力均小于 607.91kN，满足要求。

经计算，壁式框架 YSW-1 截面各层配筋计算结果列于表 8.9。

表 8.9 各 层 配 筋

	层数	YSW-1			梁		
		墙肢 1	墙肢 2	墙肢 3	L-1		L-2
端部	1～2	8 Φ 12 Φ 8@200	6 Φ 12	6 Φ 12	上部	2 Φ 14	2 Φ 14
			Φ 8@150	Φ 8@150			
	3～12		6 Φ 12	6 Φ 12	下部	4 Φ 18	4 Φ 18
			Φ 8@200	Φ 8@200			
分布筋			Φ 8@200	Φ 8@200	箍筋	Φ 6@200	Φ 6@200

第9章 楼梯设计

9.1 楼梯结构的选型

楼梯的外形和几何尺寸由建筑设计确定。目前楼梯的类型较多，按施工方法的不同，可分为整体式楼梯和装配式楼梯。按梯段结构型式的不同，主要分为板式楼梯和梁式楼梯两种。

板式楼梯由梯段板、平台板和平台梁组成，如图9.1所示。梯段板是一块带有踏步的斜板，两端支承在上、下平台梁上。其优点是下表面平整，支模施工方便，外观也较轻巧。其缺点是梯段跨度较大时，斜板较厚，材料用量较多。因此，当活荷载较小，梯段跨度不大于3m时，宜采用板式楼梯。

梁式楼梯由踏步板、梯段梁、平台板和平台梁组成，如图9.2所示，踏步板一般支承在两边斜梁（双梁式）或中间一根斜梁（单梁式）或一边斜梁另一边承重墙上；斜梁支承在平台梁上，斜梁可设在踏步下面或上面，也可以用现浇拦板代替斜梁。当梯段跨度大于3m时，采用梁式楼梯较为经济，但支模及施工比较复杂，而且外观也显得比较笨重。

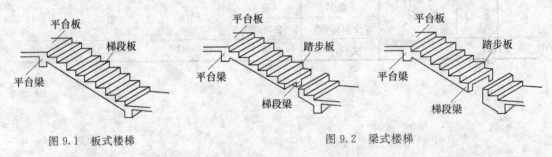

图9.1　板式楼梯　　　　　　　　　　图9.2　梁式楼梯

9.2　现浇板式楼梯的计算方法和构造要求

9.2.1　梯段板

计算梯段板时，可取出1m板带或以整个梯段板作为计算单元。

梯段板为两端支承在平台梁上的斜板，图9.3（a）为其纵剖面。内力计算时，可以简化为简支斜板，计算简图如图9.3（b）所示。斜板又可简化为水平板计算，如图9.3（c）所示，计算跨度按斜板的水平投影长度取值，但荷载亦同时化为沿斜板水平投影长度上的均布荷载。

由结构力学可知，简支斜板在竖向均布荷载作用下（沿水平投影长度）的最大弯矩与相应的简支水平板（荷载相同、水平跨度相同时）的最大弯矩是相等的，即

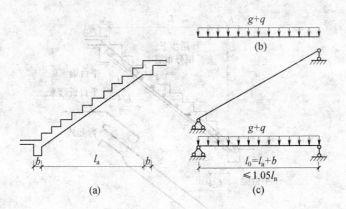

图 9.3 板式楼梯的梯段板

(a) 构造简图；(b)、(c) 计算简图

$$M_{max} = \frac{1}{8}(g+q)l_0^2 \qquad (9-1)$$

而简支斜板在竖向均布荷载作用下的最大剪力与相应的简支水平板的最大剪力有如下关系：

$$V_{max} = \frac{1}{2}(g+q)l_n\cos\alpha \qquad (9-2)$$

式中 g、q——分别为作用于梯段板上，沿水平投影方向的恒荷载、活荷载设计值；

l_0、l_n——分别为梯段板的计算跨度、净跨的水平投影长度；

α——梯段板的倾角。

考虑到梯段板与平台梁为整体连接，平台梁对梯段板有弹性约束作用这一有利因素，故可以减小梯段板的跨中弯矩，计算时最大弯矩取

$$M_{max} = \frac{1}{10}(g+q)l_0^2 \qquad (9-3)$$

由于梯段板为斜向搁置的受弯构件，竖向荷载除引起弯矩和剪力外，还将产生轴向力，但其影响很小，设计时可不考虑。

梯段板中受力钢筋按跨中弯矩计算求得，配筋可采用弯起式或分离式。采用弯起式时，一半钢筋伸入支座，一半靠近支座处弯起。如考虑到平台梁对梯段板的弹性约束作用，在板的支座应配置一定数量的构造负筋，以承受实际存在的负弯矩和防止产生过宽的裂缝，一般可取 $\phi 8@200$，长度为 $l_0/4$。受力钢筋的弯起点位置如图 9.4 所示。在垂直受力钢筋方向仍按构造要求配置分布钢筋，并要求每个踏步板内至少放置一根分布钢筋。

梯段板的计算与一般板的计算相同，可不必进行斜截面受剪承载力验算。梯段板的厚度应不小于 $(1/30 \sim 1/25)l_0$。

9.2.2 平台板

平台板一般是单向板（有时可能是双向板），当板的两边均与梁整体连接时，考虑梁对

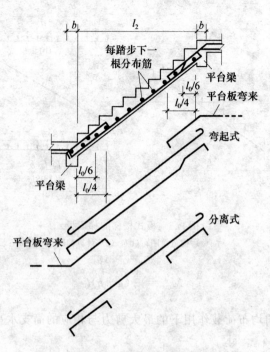

图 9.4　板式楼梯梯段板的配筋示意图

板的弹性约束作用，板的跨中弯矩按 $M=\dfrac{1}{10}(g+q)l_0^2$ 计算。当板的一边与梁整体连接而另一边支承在墙上时，板的跨中弯矩则应按 $M=\dfrac{1}{8}(g+q)l_0^2$ 计算。式中 l_0 为平台板的计算跨度。

9.2.3　平台梁

平台梁两端一般支承在楼梯间承重墙上，承受梯段板、平台板传来的均布荷载和自重，可按简支的倒 L 形梁计算。平台梁截面高度，一般取 $h \geqslant l_0/12$（l_0 为平台梁的计算跨度）。其他构造要求一般与梁相同。

9.3　现浇梁式楼梯的计算方法和构造要求

9.3.1　踏步板

梁式楼梯的踏步板为两端支承在梯段梁上的单向板，如图 9.5（a）所示。为了方便，可在竖向切出一个踏步作为计算单元，如图 9.5（b）所示，其截面为梯形，可按截面面积相等的原则简化为同宽度的矩形截面的简支梁计算，计算简图见图 9.5（c）、（d）。

斜板部分厚度一般取 $\delta=30\sim40\text{mm}$。踏步板配筋除按计算确定外，要求每个踏步一般不宜少于 $2\Phi6$ 受力钢筋，布置在踏步下面斜板中，并沿梯段布置间距不大于 300mm 的分布钢筋，如图 9.6 所示。

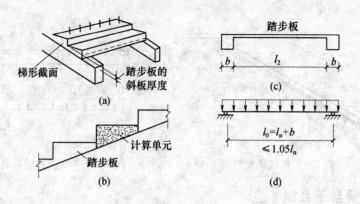

图 9.5 梁式楼梯的踏步板

（a）、（b）构造简图；（c）、（d）计算简图

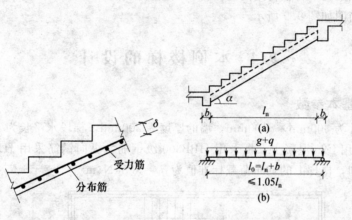

图 9.6 梁式楼梯踏步板横截面

图 9.7 梁式楼梯的梯段梁

（a）构造简图；（b）计算简图

9.3.2 梯段梁

梯段梁两端支承在平台梁上，承受踏步板传来的荷载和自重，图 9.7（a）为其纵剖面。计算内力时，与板式楼梯中梯段板的计算原理相同，可简化为简支斜梁，又将其化为水平梁计算，计算简图见图 9.7（b），其最大弯矩和最大剪力按下式计算（轴向力亦不予考虑）：

$$M_{max} = \frac{1}{8}(g+q)l_0^2 \tag{9-4}$$

$$V_{max} = \frac{1}{2}(g+q)l_n\cos\alpha \tag{9-5}$$

式中　g、q——分别为作用于梯段梁上沿水平投影方向的恒荷载、活荷载设计值；

l_0、l_n——分别为梯段梁的计算跨度、净跨的水平投影长度；

α——梯段梁与水平线的倾角。

梯段梁按倒 L 形截面计算，踏步板下斜板为其受压翼缘。梯段梁的截面高度一般取 $h \geqslant l_0/20h$。梯段梁的配筋与一般梁相同，配筋示意图如图 9.8 所示。

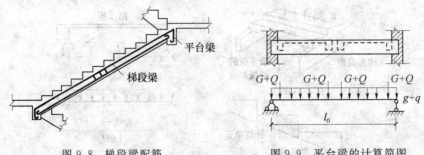

图 9.8　梯段梁配筋　　　　　　　　图 9.9　平台梁的计算简图

9.3.3　平台梁与平台板

梁式楼梯的平台梁、平台板的计算与板式楼梯基本相同，其不同之处在于，梁式楼梯中的平台梁，除承受平台板传来的均布荷载和其自重外，还承受梯段梁传来的集中荷载。平台梁的计算简图如图 9.9 所示。

9.4　本 例 楼 梯 的 设 计

9.4.1　楼梯基本参数

楼梯间尺寸为 $300\text{mm} \times 8100\text{mm}$，墙的厚度为 200mm，梯段水平长为 1750mm，标准层高 2.8m。采用 C25 混凝土，板采用 HPB300 级钢筋，纵向钢筋采用 HRB335 级钢筋。由荷载规范可知，楼梯上的均布荷载标准值为 $q_k = 3.5\text{kN/m}^2$。

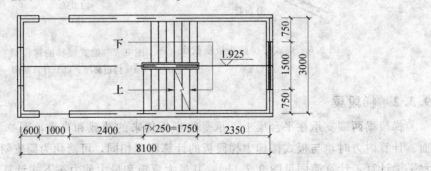

图 9.10　楼梯平面图

踏步由踏面和踢面组成，二者投影长度之比决定了楼梯的坡度。计算踏步宽度和高度可采用经验公式：

$$2r + g = S \approx 600\text{mm}$$

式中　r——踏步高度；

　　　g——踏步宽度；

　　　S——踏步长度，600mm 为妇女及儿童跨步长度。

踏步尺寸要根据建筑的使用功能、使用者的特征及楼梯的通行量综合确定，具体规定如表 9.1 所示。

建筑类别	住宅	学校、办公楼	剧院、食堂	医院（病人用）	幼儿园
踏步高	156~175	140~160	120~150	150	120~150
踏步宽	250~300	280~340	300~350	300	260~300

表 9.1   常用适宜踏步尺寸   单位：mm

根据表 9.1 的规定，本例选取踏步的尺寸为 175mm×250mm。

9.4.2 楼梯板设计

取板厚 $h=(1/30\sim1/25)\times$ 梯段水平长度 $=700$mm，$\tan\alpha=175/250=0.7$，故坡度角为 35°，取 1m 宽板带进行计算。

1. 荷载计算

恒荷载标准值的计算：

20 厚水泥砂浆面层： $0.02\times02\times(0.175+0.25)/0.25=0.68$(kN/m)

三角形踏步： $0.5\times0.175\times0.25\times25/0.25=2.188$(kN/m)

70 厚混凝土斜板： $0.07\times25/0.819=2.137$(kN/m)

20 厚板底抹灰： $0.02\times17/0.819=0.415$(kN/m)

恒荷载标准值：   5.42kN/m

活荷载标准值：   3.5kN/m

总荷载设计值： $P=1.2\times5.42+1.4\times3.5=11.404$(kN/m)

2. 截面设计

板水平净跨长为 $l_n=1.75$m，梯段板按斜放的简支梁计算，板跨中的正弯矩按近似公式计算。

$$M=\frac{1}{10}Pl_n^2=\frac{1}{10}\times11.404\times1.75^2=3.492(\text{kN}\cdot\text{m})$$

$$h_0=70-20=50(\text{mm})$$

$$\alpha_s=\frac{M}{\alpha_1 f_c b h_0^2}=\frac{3.492\times10^6}{1.0\times11.9\times1000\times70^2}=0.0599$$

$$\gamma_s=\frac{1+\sqrt{1-2\alpha_s}}{2}=\frac{1+\sqrt{1-2\times0.0599}}{2}=0.969$$

$$A_s=\frac{M}{f_y\gamma_s h_0}=\frac{3.492\times10^6}{270\times0.969\times70}=190.7(\text{mm}^2)$$

选用 Φ8@150 的钢筋（$A_s=335$mm²），分布钢筋为每级踏步一根 Φ8。

9.4.3 平台板设计

先设平台板厚为 $h=1000$mm，取 1m 板带进行计算，设平台梁截面尺寸为 200mm× 350mm，平台梁一端与平台梁整体连接，另一端与过梁整浇。

1. 荷载计算

恒荷载标准值的计算：

20 厚水泥砂浆面层： $0.02\times20=0.4$(kN/m)

100 厚混凝土板： $0.1\times25=2.5$(kN/m)

20 厚板底抹灰：	$0.02 \times 17 = 0.34 (kN/m)$
恒荷载标准值：	$3.24 kN/m$
活荷载标准值：	$3.5 kN/m$
总荷载设计值：	$P = 1.2 \times 3.24 + 1.4 \times 3.5 = 8.788 (kN/m)$

2. 截面设计

双向板，按弹性理论计算：

$$l_{01} = 2250 - 100 = 2150 (mm)$$
$$l_{02} = 3000 - 200 - 100 = 2700 (mm)$$

板的有效高度：

$$h_{01} = 100 - 20 = 80 (mm)$$
$$h_{02} = 100 - 30 = 70 (mm)$$
$$l_{01}/l_{02} = 0.8$$
$$M_1 = (0.0271 + 0.0144 \times 0.2) \times 8.788 \times 2.15^2 = 1.218 (kN \cdot m)$$
$$M_2 = (0.0144 + 0.0271 \times 0.2) \times 8.788 \times 2.15^2 = 0.805 (kN \cdot m)$$

短跨方向：

$$\alpha_s = \frac{M}{\alpha_1 f_c b h_0^2} = \frac{1.218 \times 10^6}{1.0 \times 11.9 \times 1000 \times 80^2} = 0.016$$

$$\gamma_s = \frac{1 + \sqrt{1 - 2\alpha_s}}{2} = \frac{1 + \sqrt{1 - 2 \times 0.016}}{2} = 0.992$$

$$A_s = \frac{M}{f_y \gamma_s h_0} = \frac{1.218 \times 10^6}{270 \times 0.992 \times 80} = 56.8 \ (mm^2)$$

故选用 $\Phi 6@200$ 的钢筋（$A_s = 141 mm^2$）。

长跨方向：

$$\alpha_s = \frac{M}{\alpha_1 f_c b h_0^2} = \frac{0.805 \times 10^6}{1.0 \times 11.9 \times 1000 \times 70^2} = 0.0138$$

$$\gamma_s = \frac{1 + \sqrt{1 - 2\alpha_s}}{2} = \frac{1 + \sqrt{1 - 2 \times 0.0138}}{2} = 0.993$$

$$A_s = \frac{M}{f_y \gamma_s h_0} = \frac{0.805 \times 10^6}{270 \times 0.993 \times 70} = 42.9 (mm^2)$$

故选用 $\Phi 6@200$ 的钢筋（$A_s = 141 mm^2$）。

9.4.4 平台梁设计

1. 荷载计算

恒荷载标准值的计算：

梁自重：	$0.2 \times (0.35 - 0.1) \times 25 = 1.25 (kN/m)$
梁侧粉刷：	$0.02 \times (0.35 - 0.1) \times 2 \times 17 = 0.17 (kN/m)$
平台传递：	$3.24 \times 2.15/2 = 3.483 (kN/m)$
梯段板传递：	$4.809 \times 1.75/2 = 4.208 (kN/m)$
恒荷载标准值	$9.111 kN/m$
活荷载标准值	$3.5 kN/m$

总荷载设计值： $P=1.2\times9.111+1.4\times3.5=15.833(\text{kN/m})$

2. 截面设计

$$l_0=1.05l_n=1.05\times(3-0.2)=2.94(\text{m})$$

$$M=\frac{1}{10}Pl_0^2=\frac{1}{10}\times15.833\times2.94^2=13.69(\text{kN}\cdot\text{m})$$

$$V=\frac{1}{2}Pl_n=\frac{1}{2}\times15.833\times2.8=22.166(\text{kN})$$

截面按倒 L 形计算：

$$b_f'=b+5h_f'=200+5\times100=700(\text{mm})$$

$$h_0=350-35=315(\text{mm})$$

$$\alpha_1f_cb_f'h_f(h_0-h_f'/2)=1.0\times11.9\times700\times100\times(315-50)$$
$$=220.75(\text{kN}\cdot\text{m})>M=13.69\text{kN}\cdot\text{m}$$

故按第一类 T 形截面计算。

$$\alpha_s=\frac{M}{\alpha_1f_cb_f'h_0^2}=\frac{13.69\times10^6}{1.0\times11.9\times700\times315^2}=0.0166$$

$$\gamma_s=\frac{1+\sqrt{1-2\alpha_s}}{2}=\frac{1+\sqrt{1-2\times0.0166}}{2}=0.992$$

$$A_s=\frac{M}{f_y\gamma_sh_0}=\frac{13.69\times10^6}{270\times0.992\times315}=208.6\ (\text{mm}^2)$$

故选用 2Φ12 的钢筋（$A_s=226\text{mm}^2$）。

配置Φ6@200 的箍筋（$A_s=141\text{mm}^2$），则斜截面承载力为

$$V_{cs}=0.7f_tbh_0+1.25f_{yv}\frac{A_{sv}}{S}h_0$$

$$=0.7\times1.27\times200\times315+1.25\times300\times\frac{57}{200}\times315$$

$$=90(\text{kN})>22.166\text{kN}$$

第10章 PKPM 电 算

10.1 PKPM 结构设计的基本步骤

10.1.1 建立建筑结构模型——PMCAD

第1步：轴线输入。

利用作图工具绘制建筑物整体的平面定位轴线。这些轴线可以是与墙、梁等长的线段，也可以是一整条建筑轴线。可为各标准层定义不同的轴线，即各层可有不同的轴线网格，拷贝某一标准层后，其轴线和构件布置同时被拷贝，用户可对某层轴线单独修改。

第2步：网点生成。

程序自动将绘制的定位轴线分割为网格和节点。凡是轴线相交处都会产生一个节点，轴线线段的起止点也称为节点。可对程序自动分割所产生的网格和节点进行进一步的修改、审核和测试。网格确定后即可以给轴线命名。

第3步：构件定义。

定义全楼所用到的全部柱、梁、墙、墙上洞口及斜杆支撑的截面尺寸，以备下一步骤使用。

第4步：楼层定义。

依照从下至上的次序进行各个结构标准层平面布置。凡是结构布置相同的相邻楼层都应视为同一标准层，只需输入一次。由于定位轴线和网点已形成，布置构件时只需简单地指出哪些节点放置哪些柱；哪条网格上放置哪个墙、梁或洞口。

第5步：荷载定义。

依照从下至上的次序定义荷载标准层。凡是楼面均布恒荷载和活荷载都相同的相邻楼层都应视为同一荷载标准层，只需输入一次。

第6步：信息输入。

进行结构竖向布置。每一个实际楼层都要确定其属于哪一个结构标准层、属于哪一个荷载标准层，其层高为多少，从而完成楼层的竖向布置。在输入一些必要的绘图和抗震计算信息后便完成了一个结构物的整体描述。

第7步：保存文件。

这是防止上述各项工作数据丢失必须的步骤。

详细操作细节见《PKPM 建筑结构设计》（易富民等编著，大连理工出版社）第2章"建立建筑结构模型——PMCAD"。

10.1.2 多、高层建筑结构设计——SATWE

SATWE 程序是专门针对多、高层结构而研制的空间结构有限元分析与设计程序软件，采用的是目前国内外精度最高的设计方法。SATWE 可完成高层和多层钢筋混凝土框架、框架-剪力墙、剪力墙结构，以及高层钢结构或钢-混凝土混合结构，及复杂体型的高层建筑、多塔、错层、转换层及楼板局部开洞等特殊结构形式的分析设计。

　　SATWE 的核心工作是解决剪力墙和楼板的模型化问题，SATWE 采用空间杆单元模拟梁、柱及支撑等杆件，采用了在壳元基础上凝聚而成的墙元模拟剪力墙，墙元不仅具有墙所在的平面内刚度，也具有平面外刚度，这样尽可能地减小其模型化误差，使多、高层结构的简化模型尽可能地合理，更好地反映出结构的真实受力情况。

　　第 1 步：接 PM 生成 SATWE 数据（前处理）。

　　一共包括十三项内容，其中"分析与设计参数补充定义"和"生成 SATWE 数据文件及数据检查"这两项内容是必须执行的。先进行"分析与设计参数补充定义"，把总信息、调整信息、设计信息、配筋信息、荷载组合、地下室信息、风荷载信息、地震信息、活荷载信息按具体情况输入即可；然后进行"生成 SATWE 数据文件及数据检查"。

　　第 2 步：结构内力，配筋计算。

　　第 3 步：分析结果图形和文本显示。

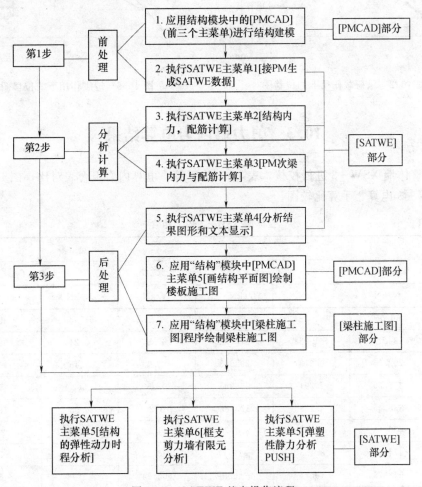

图 10.1　SATWE 基本操作流程

根据各层配筋构件编号简图，查看文本文件，即可知道结构位移、各层内力标准值、各层配筋文件等。

第4步：施工图绘制。

SATWE基本操作流程见图10.1，详细操作细节见《PKPM建筑结构设计》（易富民等，大连理工出版社）第4章"多、高层建筑结构设计——SATWE"。

10.2　结构位移电算结果

通过PKPM进行计算，可得到本例Y方向风荷载以及地震作用下的楼层最大位移，如图10.2、图10.3所示。

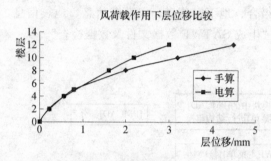

图10.2　风荷载作用下的位移图

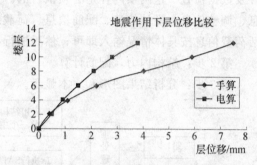

图10.3　地震作用下的位移图

10.3　剪力墙内力电算结果

选取整体墙XSW-3进行校核，表10.1为手算、电算内力组合表对比，图10.4为整体墙XSW-3电算、手算比较图。

表 10.1　　　　　　　　　　　　整体墙 XSW-3 内力组合

楼　层	手　算			电　算		
	$1.2C_EG_E$	$1.3C_{Eh}F_{Ek}$		$1.2C_GG_E$	$1.3C_{Eh}F_{Ek}$	
	N/kN	V/kN	M/(kN·m)	N/kN	V/kN	M/(kN·m)
12	66.05	−4.821	18.38	87.84	−7.35	35.44
11	134.15	−1.984	27.752	165.37	0.24	38.21
10	202.25	0.313	29.993	232.14	2.45	40.23
9	270.35	2.291	26.295	307.89	5.2	26.38
8	338.45	4.138	17.285	372	6.98	16.22
7	406.55	6.033	3.0776	441.38	9.12	2.43
6	474.65	8.155	−16.71	536.28	12.75	−25.13
5	542.75	10.71	−42.99	600.24	15.98	−63.11

续表

楼 层	手 算			电 算		
	$1.2C_EG_E$	$1.3C_{Eh}F_{Ek}$		$1.2C_GG_E$	$1.3C_{Eh}F_{Ek}$	
	N/kN	V/kN	$M/(kN \cdot m)$	N/kN	V/kN	$M/(kN \cdot m)$
4	610.85	13.941	−77.31	689.12	21.35	−97.78
3	678.95	18.158	−122	749.32	25.76	−155
2	747.05	23.765	−180.3	803.45	30.13	−218.3
1	815.15	31.301	−256.9	867.66	39.73	−299.5

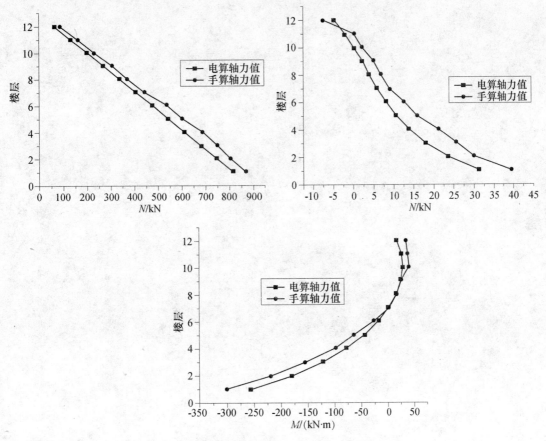

图 10.4 整体墙 XSW‑3 电算、手算比较图

10.4 误 差 分 析

比较电算结果与手算结果发现：地震作用下的位移相差较大，其可能原因如下：

（1）在电算时柱、填充墙、梁的自重是不需要输入的，这样，填充墙和梁的自重被忽略了；而手算时考虑了各部分（包括结构自重、保护层自重、活荷载等）的自重，所以荷载（质量）统计时两者就存在误差。

（2）电算和手算的荷载在路径传递上有所不同。

（3）电算采用振型分解法计算地震作用，比较精确；手算采用底部剪力法计算地震作用。底部剪力法适用于高度小于 40m 的建筑，电算 SATWE 采用准确的有限单元法。

（4）电算考虑了地震作用可能出现的所有情况，在计算时没有简化过程；而手算为了计算的方便只能考虑主要因素且简化了计算过程。

由此可见，电算和手算存在误差是难免的，但是是可以调整的。

附录 A 双向板在均布荷载作用下的计算系数表

附表 A.1 至附表 A.4 中，挠度＝表中系数×$\dfrac{(g+q)l^4}{B_c}$。

$\nu=0$，弯矩＝表中系数×$(g+q)l^2$。

式中：$B_c=\dfrac{Eh^3}{12(1-\nu^2)}$为刚度；$E$ 为弹性模量；h 为板厚；ν 为泊松比；f，$f_{\max}$ 分别为板中心点的挠度、最大挠度；m_x、$m_{x\max}$ 分别为平行于 l_x 方向板中心点单位板宽内的弯矩、板跨内最大弯矩；m_y、$m_{y\max}$ 分别为平行于 l_y 方向板中心点单位板宽内的弯矩、板跨内最大弯矩；m_x' 为固定边中点沿 l_x 方向单位板宽内的弯矩；m_y' 为固定边中点沿 l_y 方向单位板宽内的弯矩；l 取用 l_x 和 l_y 中的较小者。

附表 A.1　　　　　　　　　　　　　　　　**两边固定两边简支**

挠度＝表中系数×$\dfrac{(g+q)l_x^4}{B_c}$；

$\nu=0$，弯矩＝表中系数×$(g+q)l_x^2$；

这里 $l_x<l_y$。

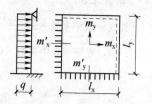

$\dfrac{l_x}{l_y}$	f	$f_{\max}$	m_x	$m_{x\max}$	m_y	$m_{y\max}$	m_x'	m_y'
0.50	0.00468	0.00471	0.0599	0.0562	0.0079	0.0135	−0.1179	−0.0786
0.55	0.00445	0.00454	0.0529	0.053	0.0104	0.0155	−0.114	−0.0785
0.60	0.00419	0.00429	0.0496	0.0498	0.0129	0.0169	−0.1095	−0.0782
0.65	0.00391	0.00399	0.0461	0.0465	0.0151	0.0183	−0.1045	−0.0777
0.70	0.00363	0.00368	0.0426	0.0432	0.0172	0.0195	−0.0992	−0.077
0.75	0.00335	0.0034	0.039	0.0396	0.0189	0.0206	−0.0938	−0.076
0.80	0.00308	0.00313	0.0356	0.0361	0.0204	0.0218	−0.0883	−0.0748
0.85	0.00281	0.00286	0.0322	0.0328	0.0215	0.0229	−0.0829	−0.0733
0.90	0.00256	0.00261	0.0291	0.0297	0.0224	0.0238	−0.0776	−0.0716
0.95	0.00232	0.00237	0.0261	0.0267	0.023	0.0244	−0.0726	−0.0698
1.00	0.0021	0.00215	0.0234	0.024	0.0234	0.0249	−0.0677	−0.0677

附表 A. 2 　　　　　　　四边简支

挠度＝表中系数$\times\dfrac{(g+q)l_x^4}{B_c}$；

$\nu=0$，弯矩＝表中系数$\times(g+q)l_x^2$；

这里 $l_x < l_y$。

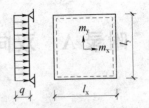

$\dfrac{l_x}{l_y}$	f	m_x	m_y	$\dfrac{l_x}{l_y}$	f	m_x	m_y
0.50	0.01013	0.0965	0.0174	0.80	0.00603	0.0561	0.0334
0.55	0.00940	0.0892	0.0210	0.85	0.00547	0.0506	0.0348
0.60	0.00867	0.0820	0.0242	0.90	0.00496	0.0456	0.0358
0.65	0.00796	0.0750	0.0271	0.95	0.00449	0.0410	0.0364
0.70	0.00727	0.0683	0.0296	1.00	0.00406	0.0368	0.0368
0.75	0.00663	0.0620	0.0317				

附表 A. 3 　　　　　　　四边固定

挠度＝表中系数$\times\dfrac{(g+q)l_x^4}{B_c}$；

$\nu=0$，弯矩＝表中系数$\times(g+q)l_x^2$；

这里 $l_x < l_y$。

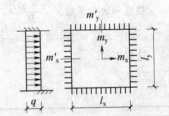

$\dfrac{l_x}{l_y}$	f	m_x	m_y	m_x'	m_y'
0.50	0.00253	0.0400	0.0038	-0.0829	-0.0570
0.55	0.00246	0.0385	0.0056	-0.0814	-0.0571
0.60	0.00236	0.0367	0.0076	-0.0793	-0.0571
0.65	0.00224	0.0345	0.0095	-0.0766	-0.0571
0.70	0.00211	0.0321	0.0113	-0.0735	-0.0569
0.75	0.00197	0.0296	0.0130	-0.0701	-0.0565
0.80	0.00182	0.0271	0.0144	-0.0664	-0.0559
0.85	0.00168	0.0246	0.0156	-0.0626	-0.0551
0.90	0.00153	0.0221	0.0165	-0.0588	-0.0541
0.95	0.00140	0.0198	0.0172	-0.0550	-0.0528
1.00	0.00127	0.0176	0.0176	-0.0513	-0.0513

附表 A. 4 　　　　　　　　　　　　**三边固定，一边简支**

挠度＝表中系数$\times\dfrac{(g+q)l_{\mathrm{x}}^4}{B_{\mathrm{c}}}$；

$\nu=0$，弯矩＝表中系数$\times(g+q)l_{\mathrm{x}}^2$；

这里 $l_{\mathrm{x}}<l_{\mathrm{y}}$。

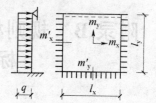

$\dfrac{l_{\mathrm{x}}}{l_{\mathrm{y}}}$	$\dfrac{l_{\mathrm{y}}}{l_{\mathrm{x}}}$	f	$f_{\max}$	m_{x}	m_{xmax}	m_{y}	m_{ymax}	m'_{x}	m'_{y}
0.50		0.00257	0.00258	0.0408	0.0409	0.0028	0.0089	−0.0836	−0.0569
0.55		0.00252	0.00255	0.0398	0.0399	0.0042	0.0093	−0.0827	−0.0570
0.60		0.00245	0.00249	0.0384	0.0386	0.0059	0.0105	−0.0814	−0.0571
0.65		0.00237	0.00240	0.0368	0.0371	0.0076	0.0116	−0.0796	−0.0572
0.70		0.00227	0.00229	0.0350	0.0354	0.0093	0.0127	−0.0774	−0.0572
0.75		0.00216	0.00219	0.0331	0.0335	0.0109	0.0137	−0.0750	−0.0572
0.80		0.00205	0.00208	0.0310	0.0314	0.0124	0.0147	−0.0722	−0.0570
0.85		0.00193	0.00196	0.0289	0.0293	0.0138	0.0155	−0.0693	−0.0567
0.90		0.00181	0.00184	0.0268	0.0273	0.0159	0.0163	−0.0663	−0.0563
0.95		0.00169	0.00172	0.0247	0.0252	0.0160	0.0172	−0.0631	−0.0558
1.00	1.00	0.00157	0.00160	0.0227	0.0231	0.0168	0.0180	−0.0600	−0.0550
	0.95	0.00178	0.00182	0.0229	0.0234	0.0194	0.0207	−0.0629	−0.0599
	0.90	0.00201	0.00206	0.0228	0.0234	0.0223	0.0238	−0.0656	−0.0653
	0.85	0.00227	0.00233	0.0225	0.0231	0.0255	0.0273	−0.0683	−0.0711
	0.80	0.00256	0.00262	0.0219	0.0224	0.0290	0.0311	−0.0707	−0.0772
	0.75	0.00286	0.00294	0.0208	0.0214	0.0329	0.0354	−0.0729	−0.0837
	0.70	0.00319	0.00327	0.0194	0.0200	0.0370	0.0400	−0.0748	−0.0903
	0.65	0.00352	0.00365	0.0175	0.0182	0.0412	0.0446	−0.0762	−0.0970
	0.60	0.00386	0.00403	0.0153	0.0160	0.0454	0.0493	−0.0773	−0.1033
	0.55	0.00419	0.00437	0.0127	0.0133	0.0496	0.0541	−0.0780	−0.1093
	0.50	0.00449	0.00463	0.0099	0.0103	0.0534	0.0588	−0.0784	−0.1146

附录 B 规则框架承受倒三角分布水平力作用时标准反弯点高度比 y_i 值

n	j	K													
		0.1	0.2	0.3	0.4	0.5	0.6	0.7	0.8	0.9	1.0	2.0	3.0	4.0	5.0
1	1	0.8	0.75	0.7	0.65	0.65	0.6	0.6	0.6	0.6	0.55	0.55	0.55	0.55	0.55
2	2	0.5	0.45	0.40	0.40	0.40	0.40	0.40	0.40	0.40	0.45	0.45	0.45	0.45	0.50
	1	1.00	0.85	0.75	0.70	0.70	0.65	0.65	0.65	0.60	0.60	0.55	0.55	0.55	0.55
3	3	0.25	0.25	0.25	0.30	0.30	0.30	0.30	0.30	0.40	0.40	0.45	0.45	0.45	0.50
	2	0.60	0.50	0.50	0.50	0.50	0.45	0.45	0.45	0.45	0.45	0.50	0.50	0.50	0.50
	1	1.15	0.90	0.80	0.75	0.75	0.70	0.70	0.65	0.65	0.60	0.55	0.55	0.55	0.55
4	4	0.10	0.10	0.20	0.25	0.30	0.30	0.35	0.35	0.35	0.40	0.45	0.45	0.45	0.45
	3	0.35	0.35	0.35	0.40	0.40	0.40	0.40	0.45	0.45	0.45	0.45	0.50	0.50	0.50
	2	0.70	0.60	0.55	0.50	0.50	0.50	0.50	0.50	0.50	0.50	0.50	0.50	0.50	0.50
	1	1.20	0.95	0.85	0.80	0.75	0.70	0.70	0.70	0.65	0.65	0.55	0.55	0.55	0.55
5	5	−0.05	0.10	0.20	0.25	0.30	0.30	0.35	0.35	0.35	0.35	0.40	0.45	0.45	0.45
	4	0.20	0.25	0.35	0.35	0.40	0.40	0.40	0.40	0.40	0.45	0.45	0.50	0.50	0.50
	3	0.45	0.40	0.45	0.45	0.45	0.45	0.45	0.45	0.45	0.45	0.50	0.50	0.50·	0.50
	2	0.75	0.60	0.55	0.55	0.50	0.50	0.50	0.50	0.50	0.50	0.50	0.50	0.50	0.50
	1	1.30	1.00	0.85	0.80	0.75	0.70	0.70	0.65	0.65	0.65	0.65	0.55	0.55	0.55
6	6	−0.15	0.05	0.15	0.20	0.25	0.30	0.30	0.35	0.35	0.35	0.40	0.45	0.45	0.45
	5	0.10	0.25	0.30	0.35	0.35	0.40	0.40	0.40	0.45	0.45	0.45	0.50	0.50	0.50
	4	0.30	0.35	0.40	0.40	0.45	0.45	0.45	0.45	0.45	0.45	0.50	0.50	0.50	0.50
	3	0.50	0.45	0.45	0.45	0.45	0.45	0.45	0.45	0.45	0.50	0.50	0.50	0.50	0.50
	2	0.80	0.65	0.55	0.55	0.55	0.55	0.50	0.50	0.50	0.50	0.50	0.50	0.50	0.50
	1	1.30	1.00	0.85	0.80	0.75	0.70	0.70	0.65	0.65	0.65	0.60	0.55	0.55	0.55
7	7	−0.20	0.05	0.15	0.20	0.25	0.30	0.30	0.35	0.35	0.35	0.45	0.45	0.45	0.45
	6	0.05	0.20	0.30	0.35	0.35	0.40	0.40	0.40	0.40	0.45	0.45	0.50	0.50	0.50
	5	0.20	0.30	0.35	0.40	0.40	0.40	0.45	0.45	0.45	0.45	0.50	0.50	0.50	0.50
	4	0.35	0.40	0.40	0.45	0.45	0.45	0.45	0.45	0.45	0.45	0.50	0.50	0.50	0.50
	3	0.55	0.50	0.50	0.50	0.50	0.50	0.50	0.50	0.50	0.50	0.50	0.50	0.50	0.50
	2	0.80	0.65	0.60	0.55	0.55	0.55	0.50	0.50	0.50	0.50	0.50	0.50	0.50	0.50
	1	1.30	1.00	0.90	0.80	0.75	0.70	0.70	0.70	0.65	0.65	0.60	0.55	0.55	0.55
8	8	−0.20	0.05	0.15	0.20	0.25	0.30	0.30	0.35	0.35	0.35	0.45	0.45	0.45	0.45
	7	0.00	0.20	0.30	0.35	0.35	0.40	0.40	0.40	0.40	0.45	0.45	0.50	0.50	0.50
	6	0.15	0.30	0.35	0.40	0.40	0.45	0.45	0.45	0.45	0.45	0.50	0.50	0.50	0.50
	5	0.30	0.45	0.40	0.45	0.45	0.45	0.45	0.45	0.45	0.45	0.50	0.50	0.50	0.50
	4	0.40	0.45	0.45	0.45	0.45	0.45	0.50	0.50	0.50	0.50	0.50	0.50	0.50	0.50
	3	0.60	0.50	0.50	0.50	0.50	0.50	0.50	0.50	0.50	0.50	0.50	0.50	0.50	0.50
	2	0.85	0.65	0.60	0.55	0.55	0.55	0.50	0.50	0.50	0.50	0.50	0.50	0.50	0.50
	1	1.30	1.00	0.90	0.80	0.75	0.70	0.70	0.70	0.65	0.65	0.60	0.55	0.55	0.55

续表

n	j	K													
		0.1	0.2	0.3	0.4	0.5	0.6	0.7	0.8	0.9	1.0	2.0	3.0	4.0	5.0
9	9	-0.25	0.00	0.15	0.20	0.25	0.30	0.30	0.35	0.35	0.40	0.45	0.45	0.45	0.45
	8	-0.00	0.20	0.30	0.35	0.35	0.40	0.40	0.40	0.40	0.45	0.45	0.50	0.50	0.50
	7	0.15	0.30	0.35	0.40	0.40	0.45	0.45	0.45	0.45	0.45	0.50	0.50	0.50	0.50
	6	0.25	0.35	0.40	0.40	0.45	0.45	0.45	0.45	0.45	0.50	0.50	0.50	0.50	0.50
	5	0.35	0.40	0.45	0.45	0.45	0.45	0.45	0.45	0.45	0.50	0.50	0.50	0.50	0.50
	4	0.45	0.45	0.45	0.45	0.45	0.50	0.50	0.50	0.50	0.50	0.50	0.50	0.50	0.50
	3	0.60	0.50	0.50	0.50	0.50	0.50	0.50	0.50	0.50	0.50	0.50	0.50	0.50	0.50
	2	0.85	0.65	0.60	0.55	0.55	0.55	0.55	0.50	0.50	0.50	0.50	0.50	0.50	0.50
	1	1.35	1.00	0.90	0.80	0.75	0.75	0.70	0.70	0.65	0.65	0.60	0.55	0.55	0.55
10	10	-0.25	0.00	0.15	0.20	0.25	0.30	0.30	0.35	0.35	0.40	0.45	0.45	0.45	0.45
	9	-0.00	0.20	0.30	0.35	0.35	0.40	0.40	0.40	0.40	0.45	0.45	0.50	0.50	0.50
	8	0.10	0.30	0.35	0.40	0.40	0.40	0.45	0.45	0.45	0.45	0.50	0.50	0.50	0.50
	7	0.20	0.35	0.40	0.40	0.45	0.45	0.45	0.45	0.45	0.50	0.50	0.50	0.50	0.50
	6	0.30	0.40	0.40	0.45	0.45	0.45	0.45	0.45	0.45	0.50	0.50	0.50	0.50	0.50
	5	0.40	0.45	0.45	0.45	0.45	0.45	0.45	0.50	0.50	0.50	0.50	0.50	0.50	0.50
	4	0.50	0.45	0.45	0.50	0.50	0.50	0.50	0.50	0.50	0.50	0.50	0.50	0.50	0.50
	3	0.60	0.55	0.50	0.50	0.50	0.50	0.50	0.50	0.50	0.50	0.50	0.50	0.50	0.50
	2	0.85	0.65	0.60	0.55	0.55	0.55	0.55	0.50	0.50	0.50	0.50	0.50	0.50	0.50
	1	1.35	1.00	0.90	0.80	0.75	0.75	0.70	0.70	0.65	0.65	0.60	0.55	0.55	0.55
11	11	-0.25	0.00	0.15	0.20	0.25	0.30	0.30	0.30	0.35	0.35	0.45	0.45	0.45	0.45
	10	-0.05	0.20	0.25	0.30	0.35	0.40	0.40	0.40	0.40	0.45	0.45	0.50	0.50	0.50
	9	0.10	0.30	0.35	0.40	0.40	0.40	0.45	0.45	0.45	0.45	0.50	0.50	0.50	0.50
	8	0.20	0.35	0.40	0.40	0.45	0.45	0.45	0.45	0.45	0.45	0.50	0.50	0.50	0.50
	7	0.25	0.40	0.40	0.45	0.45	0.45	0.45	0.45	0.45	0.50	0.50	0.50	0.50	0.50
	6	0.35	0.40	0.45	0.45	0.45	0.45	0.45	0.50	0.50	0.50	0.50	0.50	0.50	0.50
	5	0.40	0.45	0.45	0.45	0.45	0.50	0.50	0.50	0.50	0.50	0.50	0.50	0.50	0.50
	4	0.50	0.50	0.50	0.50	0.50	0.50	0.50	0.50	0.50	0.50	0.50	0.50	0.50	0.50
	3	0.65	0.55	0.50	0.50	0.50	0.50	0.50	0.50	0.50	0.50	0.50	0.50	0.50	0.50
	2	0.85	0.65	0.60	0.55	0.55	0.55	0.55	0.50	0.50	0.50	0.50	0.50	0.50	0.50
	1	1.35	1.05	0.90	0.80	0.75	0.75	0.70	0.70	0.65	0.65	0.60	0.55	0.55	0.55
12 以上	1（顶）	-0.30	0.00	0.15	0.20	0.25	0.30	0.30	0.30	0.35	0.35	0.40	0.45	0.45	0.45
	2	-0.10	0.20	0.25	0.30	0.35	0.40	0.40	0.40	0.40	0.40	0.45	0.45	0.45	0.50
	3	0.05	0.25	0.35	0.40	0.40	0.40	0.45	0.45	0.45	0.45	0.45	0.50	0.50	0.50
	4	0.15	0.30	0.40	0.40	0.45	0.45	0.45	0.45	0.45	0.45	0.50	0.50	0.50	0.50
	5	0.25	0.35	0.50	0.45	0.45	0.45	0.45	0.45	0.45	0.50	0.50	0.50	0.50	0.50
	6	0.30	0.40	0.50	0.45	0.45	0.45	0.45	0.50	0.50	0.50	0.50	0.50	0.50	0.50
	7	0.35	0.40	0.55	0.45	0.45	0.45	0.50	0.50	0.50	0.50	0.50	0.50	0.50	0.50
	8	0.35	0.45	0.55	0.45	0.50	0.50	0.50	0.50	0.50	0.50	0.50	0.50	0.50	0.50
	中间	0.45	0.45	0.55	0.45	0.50	0.50	0.50	0.50	0.50	0.50	0.50	0.50	0.50	0.50
	4	0.55	0.50	0.50	0.50	0.50	0.50	0.50	0.50	0.50	0.50	0.50	0.50	0.50	0.50
	3	0.65	0.55	0.50	0.50	0.50	0.50	0.50	0.50	0.50	0.50	0.50	0.50	0.50	0.50
	2	0.70	0.70	0.60	0.55	0.55	0.55	0.55	0.50	0.50	0.50	0.50	0.50	0.50	0.50
	1（底）	1.35	1.05	0.90	0.80	0.75	0.70	0.70	0.70	0.65	0.65	0.60	0.55	0.55	0.55

参 考 文 献

［1］ 沈蒲生，苏三庆．高等学校建筑工程专业毕业设计指导 ［M］．北京：中国建筑工业出版社，2007.

［2］ 罗国强，等．房屋建筑工程毕业设计指南 ［M］．长沙：湖南科技技术出版社，1994.

［3］ 东南大学，天津大学，同济大学．混凝土结构（上下册） ［M］．北京：中国建筑工业出版社，2008.

［4］ 裴星洙，张立．高层建筑结构的设计与计算 ［M］．北京：中国水利水电出版社，2007.

［5］ 同济大学，西安建筑科技大学，东南大学，重庆建筑大学．房屋建筑学 ［M］．北京：中国建筑工业出版社，2004.

［6］ 中华人民共和国住房和城乡建设部．混凝土结构设计规范 GB 50010—2010 ［S］．北京：中国建筑工业出版社，2011.

［7］ 中华人民共和国住房和城乡建设部．建筑结构荷载规范 GB 5009—2012 ［S］．北京：中国建筑工业出版社，2012.

［8］ 中华人民共和国住房和城乡建设部．建筑抗震设计规范 GB 50011—2010 ［S］．北京：中国建筑工业出版社，2010.

［9］ 中华人民共和国住房和城乡建设部．住宅建筑规范 GB 50368—2005 ［S］．北京：中国建筑工业出版社，2005.

［10］ 中华人民共和国住房和城乡建设部．住宅设计规范 GB 50096—2011 ［S］．北京：中国建筑工业出版社，2012.

［11］ 中华人民共和国住房和城乡建设部．高层建筑混凝土结构技术规程 JGJ 3—2010 ［S］．北京：中国建筑工业出版社，2010.

［12］ 中华人民共和国住房和城乡建设部．建筑工程抗震设防分类标准 GB 50223—2004 ［S］．北京：中国建筑工业出版社，2004.

［13］ 龙驭球，包世华．结构力学教程（Ⅰ，Ⅱ）［M］．北京：高等教育出版社，2006.

［14］ 姜勇，李善锋，等．AutoCAD 建筑制图教程 ［M］．北京：人民邮电出版社，2008.

后　记

　　剪力墙结构是利用建筑物的内墙或外墙做成剪力墙以承受垂直荷载（重力）及抵抗水平荷载（风荷载、地震荷载等）的结构。剪力墙一般为钢筋混凝土墙，与一般墙体的区别是主要承受的是水平荷载，使其受弯受剪，故称其为剪力墙。目前，大中城市地下空间发展较多，在剪力墙结构体系中，局部墙体也同时作为围护结构及房间分隔构件。相比框架结构来说，剪力墙结构的优点在于抗侧刚度大，整体性好，结构顶点水平位移和层间位移通常较小，并且由于没有梁、柱等外露与凸出，便于房间内部布置。剪力墙结构能满足高层建筑对抵抗较大水平作用的要求，同时剪力墙的截面面积大，竖向承载力要求也较容易满足，因此剪力墙结构在住宅及旅馆建筑中得到了广泛应用。但由于剪力墙的间距略小，使得建筑平面布置受到约束，对需要较大空间的建筑物通常难以满足要求。从施工及造价方面考虑，纯剪力墙结构有其自身的缺点，那就是造价高，施工较框架结构困难，耗钢量较大，所以目前越来越多的高层建筑结合框架结构及剪力墙结构的优点，采用的是框架-剪力墙结构。

　　我国是一个多地震国家，地震区域广阔，设防烈度在 7 度以上的地区占到国土面积的1/3，有 100 多个大中城市需要抗震设防。从历次国内外大地震的震害情况分析可知，剪力墙结构的震害一般比较轻。尤其在汶川地震中，绝大部分震害都来自于砖混结构。因此，发展抗震性能好的多层及高层钢筋混凝土剪力墙结构，对我国具有特别重要的意义。

　　经过恰当合理的设计，剪力墙结构可以成为抗震性能良好的延性结构。因此，剪力墙结构在非地震区或地震区的高层建筑中都得到广泛的应用，采用剪力墙结构体系的高层建筑，房间内没有梁柱棱角，比较美观且便于室内布置和使用。在当前地价纷纷上涨的情况下，高层也就成了开发商的首选。综合这两点，剪力墙结构较框架结构具有明显的优势。随着经济的飞速发展，相信在不久的将来剪力墙结构会越来越广泛地被使用。